石墨烯及其复合材料的制备与性能

尚玉 著

中国石化出版社

内 容 提 要

　　本书阐述了石墨烯及其复合材料的制备、性能及应用。分别介绍了氧化石墨烯及石墨烯的制备及系统表征；石墨烯相变复合材料的制备及热性能，利用三维网状石墨烯提高相变材料的热性能；基于氧化石墨烯的表面活性，氧化石墨烯包覆硅灰/水泥基复合材料的制备及其流变性能和力学性能；三维网状石墨烯/聚合物复合材料的制备与压敏性能。

　　本书可供材料领域的研究人员参考，特别是从事石墨烯复合材料研发和应用的科研与技术人员参考。

图书在版编目(CIP)数据

　　石墨烯及其复合材料的制备与性能／尚玉著．—北京：
中国石化出版社，2021.12（2022.9 重印）
　　ISBN 978-7-5114-6139-1

　　Ⅰ．①石… Ⅱ．①尚… Ⅲ．①石墨烯–研究②石墨烯–
复合材料–研究 Ⅳ．①TB383

　　中国版本图书馆 CIP 数据核字（2021）第 259189 号

中国石化出版社出版发行
地址:北京市东城区安定门外大街 58 号
邮编:100011 电话:(010)57512500
发行部电话:(010)57512575
http://www.sinopec-press.com
E-mail:press@ sinopec.com
北京柏力行彩印有限公司印刷
全国各地新华书店经销

＊

710×1000 毫米 16 开本 11.5 印张 208 千字
2021 年 12 月第 1 版　2022 年 9 月第 2 次印刷
定价:68.00 元

前　言

　　石墨烯独特的二维晶体结构赋予其众多卓越的理化性能，在复合材料、生物传感器、能量存储和高性能电子器件等领域具有广泛的应用前景。自 2004 年石墨烯的成功发现在学术界掀起了新一轮的炭材料研究热潮，关于石墨烯的基础和应用研究已成为行业研究的热点。高品质、可规模化制备且成本低廉的石墨烯原料是进行石墨烯理论研究及工业应用的前提条件。

　　目前，石墨烯制备的方法有机械剥离法、化学气相沉积、外延生长法、氧化还原法等，但各种方法都存在一定的局限性，如化学气相沉积法可制备高质量的石墨烯，但存在对反应条件及设备的要求很高、不利于降低成本等问题，而机械剥离法产率低等。因此，研究一种简单、快速、经济和环保的生产高质量石墨烯的途径具有重要意义。在应用方面，由于石墨烯独特的结构和优异的性能，其制备的石墨烯复合材料成为石墨烯迈向实际应用的一个重要方向。石墨烯复合材料在能量储存、电子器件、生物材料、传感材料和催化剂载体等领域展现出了优良性能，具有广阔的应用前景。

　　本书主要围绕石墨烯纳米复合材料而展开。首先对石墨烯以及氧化石墨烯的结构、制备和性质进行整体论述。重点在于介绍石墨烯相变复合材料、石墨烯水泥复合材料、石墨烯/聚合物复合材料的制备技术、性能表征、物理性质等。同时，探索石墨烯复合材料的制备方法，对于石墨烯的研究具有理论意义和实际应用价值。

本书共分为 7 章。第 1 章介绍了石墨烯的结构、性能、制备方法及应用。第 2 章介绍了氧化石墨烯的结构、制备方法以及表征，通过对氧化石墨烯进行系统表征，阐明其结构和表面活性。第 3 章介绍了电化学还原氧化石墨烯的制备方法，通过多电极电化学还原制备石墨烯，提供了一种有效、可控的还原方法，有望实现石墨烯的绿色规模化制备，并介绍了电化学还原氧化石墨烯的反应机理。第 4 章介绍了氧化石墨烯相变微胶囊的制备方法及其热性能的系统评价，阐明氧化石墨烯对相变材料性能的影响规律。第 5 章介绍了石墨烯相变复合材料以及三维网状石墨烯相变复合材料的制备方法，对三维网状石墨烯相变复合材料的热性能进行系统评价，阐明三维网状石墨烯对相变材料性能的影响规律。第 6 章介绍了一种氧化石墨烯包覆硅灰水泥基复合材料的制备方法，阐述了对氧化石墨烯包覆硅灰水泥基复合材料的流变性能和强度的影响规律，并阐明其影响机理。第 7 章介绍了石墨烯/聚合物复合材料以及三维网状石墨烯/聚合物复合材料的制备方法，对三维网状石墨烯/聚合物复合材料的压敏性能进行综合评价。

本书获得西安石油大学优秀学术著作出版基金的资助，并获得陕西省教育厅专项科研计划项目(项目编号：20JK0845)资助；在写作过程中，得到了同济大学张东教授的指导，以及西安石油大学能源新材料与器件设计和研制科研团队的大力支持，部分实验数据由同济大学提供，作者在此一并表示感谢。

由于作者水平有限，书中难免会有错误与不周之处，还请读者批评指正。

目 录

1

概述

1.1 引言

2004 年英国曼彻斯特大学物理学家安德烈·海姆和康斯坦丁·诺沃肖洛夫通过微机械剥离方法首次从高定向石墨中获得石墨烯，从而证实了石墨烯可以单独稳定存在。关于二维材料的稳定存在问题，科学界一直存有争议。通常认为，由于材料本身的热力学不稳定性，在任何有限温度场下二维晶体中的热涨落作用会破坏原子的长程有序性，从而导致其晶格的分解或聚集，因此严格意义上的二维晶体材料是不存在的。石墨烯的成功合成，从根本上动摇了理论界长期以来的观念。独特的晶体结构以及异乎寻常的理化性能使石墨烯迅速成为物理学、化学和材料科学等诸多领域的研究热点，掀起了继富勒烯、碳纳米管后新一轮的炭材料研究热潮。石墨烯作为二维晶体材料，具有优异的热学、电学和力学等性能，并且在众多领域具有广阔的应用前景。

1.2 石墨烯的结构和性能

1.2.1 石墨烯的结构

石墨烯，是由单原子层厚度的碳原子组成的二维蜂窝状结构，碳原子以六元环形式周期性排列于石墨烯平面内（图 1.1）。单层石墨烯的厚度约为 0.335nm。碳原子以 sp^2 杂化的方式相互键合，C—C 键的键长为 0.142nm，键角 120°。这些很强的 C—C 键使得石墨烯片层在结构上具有很强的刚性。同时，每个碳原子都会贡献一个未成键的 π 电子，这些 π 电子可在晶体中自由移动，赋予了石墨烯卓越的导电性。单层石墨烯是构建其他维数碳材料的基本单元，如图 1.2 所示。

它可以卷曲成零维（0D）的富勒烯（fullerene），叠合成一维（1D）的碳纳米管，还可以堆垛成三维（3D）的石墨。如石墨烯的晶格中存在五元环的晶格，石墨烯片层会出现翘曲，当有 12 个以上五元环晶格存在时，就会形成富勒烯。富勒烯的代表分子 C_{60} 由 20 个六边形和 12 个五边形组成，其化学键构型尽管不完全同于石墨烯，未完全 sp^2 杂化，但是每个碳原子与周围的 3 个碳原子以 $sp^{2.28}$ 形成 σ 键和 $sp^{0.09}$ 形成 π 键。单壁碳纳米管可看成是由一层片状的石墨烯卷曲为柱状，且两端由半球形的富勒烯分子封口的产物。碳纳米管中碳原子形成共价键，每个碳原子贡献一个电子形成金属键性质的离子键，虽然在一些较大弯曲的地方存在一些 sp^3 杂化，但还是以 sp^2 杂化方式为主。具有三维层状结构的晶型碳质材料石墨可视为由单层的石墨烯按照 AB 顺序堆栈的产物。显然，石墨烯不是金刚石的构成基元，因为在金刚石中每个碳原子都以 sp^3 杂化形式与另外 4 个碳原子形成共价键，而石墨烯中每个碳原子都以 sp^2 杂化轨道与另外 3 个碳原子形成共价键，二者存在明显不同。

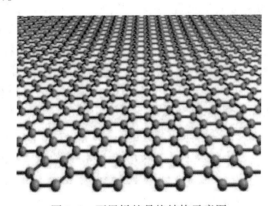

图 1.1　石墨烯的晶格结构示意图

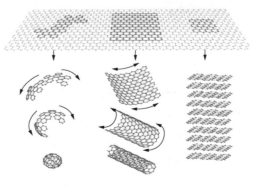

图 1.2　石墨烯与其他维度碳材料的关系

石墨烯的发现打破二维晶体材料不能稳定存在的认知，研究表明，悬空的石墨烯并非绝对平整，而是在与平面垂直的方向上有约为 1nm 的起伏，如图 1.3 所示，理论分析认为悬空单层石墨烯内的褶皱提高了该材料的稳定性。起伏度随层数的增加逐渐降低至消失。原子力显微镜分析表明置于基片上石墨烯也存在褶皱，但是对于褶皱形成原因还存有争议。一种观点认为，这些褶皱与悬空的石墨烯类似，是石墨烯自身的结构特点；另一种观点认为，它们源自基片自身的起伏。利用原子力显微镜分析其形貌时，所用基底材料(如 SiO_2、Si、云母片等)表面都存在原子尺度的起伏，由于单层石墨烯片存在大量悬空的 π 键，它们与基底表面形成较强的范德华力，导致基底自身形貌对石墨烯的结构造成一定影响。原子力分析结果表明，置于 SiO_2 基底上石墨烯的褶皱与基底自身的褶皱十分相似。

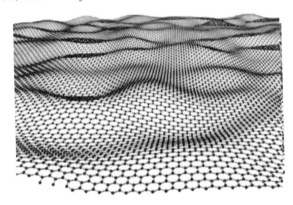

图 1.3　石墨烯的结构起伏示意图

1.2.2　石墨烯的性能

石墨烯独特的二维纳米结构赋予了其诸多优异的电学、力学、热学等性能，使其在复合材料、微纳米器件等领域具有广阔的应用前景。

石墨烯的电学性能：石墨烯是价带和导带交于一点的零带隙半导体材料，其载流子可以是电子也可以是空穴。组成石墨烯的每个碳原子含有 4 个价电子，其中的 3 个电子形成 sp^2 杂化的共价键，每个碳原子都贡献出一个 Pz 轨道的电子与相邻原子的 Pz 轨道形成垂直平面方向的 π 键，此时，π 键为半填满状态，电子可以在二维晶体内自由移动，石墨烯这种独特的电子结构决定了其具有良好的电子传输性能。实验表明：单层悬浮石墨烯电子密度大约为 $2 \times 10^{11} \, cm^{-2}$ 时，石墨烯电子迁移率可高达 $2 \times 10^5 \, cm^2 \cdot V^{-1} \cdot s^{-1}$。

石墨烯的力学性能：石墨烯二维平面内的碳原子之间以 σ 键相连，赋予了其极高的弹性模量、强度等力学性能。2008 年，哥伦比亚大学 Lee 等人将单层石墨

3

烯置于具有孔型结构的二氧化硅衬底表面，首次采用原子力显微镜纳米压痕实验测得单层石墨烯薄膜的弹性性质和断裂强度。按照单层石墨烯薄膜的厚度为0.335nm计算，石墨烯的杨氏模量大约为1.0TPa，理想强度约为130GPa，是迄今为止力学强度最高的材料。

石墨烯的热学性能：石墨烯室温下的导热性能优于碳纳米管（3000～3500 $W \cdot m^{-1} \cdot K^{-1}$），导热率最大值为5300$W \cdot m^{-1} \cdot K^{-1}$。Balandin等人利用以拉曼光谱为基础的非接触光学法，测得了悬空 Si/SiO_2 基片微沟上石墨烯的拉曼图谱，通过分析图谱中G峰拉曼位移与输入激光功率之间的关系，研究了石墨烯的室温导热率：$(4.84±0.44)×10^3$～$(5.30±0.48)×10^3 W \cdot m^{-1} \cdot K^{-1}$，研究结果表明热导率也受石墨烯横向尺寸的影响。另外，理论计算结果表明石墨烯的热导率随温度升高和缺陷的增多而降低。极好的导热性能使得石墨烯有望用作超大规模纳米集成电路散热材料。

石墨烯的光学性能：石墨烯有着良好的光学特性，首先是体现在对光的吸收率，这里主要是针对只有一个原子层厚度的石墨烯。如果波的长度较宽，那么在这个范围内，石墨烯对光的吸收比率只有2.3%，这使得石墨烯看上去几乎是透明的。但是如果增加石墨烯材料的厚度，那么对光的吸收也会增加，所以只有一层原子厚度的石墨烯具备特殊的结构。它的光学性质又体现在线性方面和非线性方面，比如在线性方面，单层的石墨烯对光的吸收率很高；而非线性方面是如果这个光的强度超出了一个临界点，那么它对这个光也就不会再进行吸收了。利用这个特点，可以用石墨烯制作一种叫作被动锁模激光器。另外，石墨烯这种对光的吸收非常优秀的材料，如果把它制作成可以导电的透明薄膜，应用在触摸屏或者显示器中，将会大大提高原本成品的性能。

1.3　石墨烯的制备方法

目前，石墨烯的制备方法主要包括：机械剥离法、外延生长法、化学气相沉积法和氧化石墨烯还原法等。结构完整、质量可控并容易规模化生产的原料是进行石墨烯研究及实际应用的基础。除上述一些制备方法外，其他一些新颖的方法也不断被用于石墨烯的制备，如电弧放电法、有机合成法、碳纳米管切割法及自组装法等。然而，上述制备方法虽然能够制得高质量的石墨烯材料，但均受限于成本高昂、操作复杂、效率低下等不足而无法用于石墨烯的低成本和规模化生产。

1.3.1 机械剥离法

机械剥离法是通过机械力或者超声波作用破坏块体材料石墨层间的范德华力，将纳米片层从主体上一层一层剥离下来，最终获得石墨烯的一种方法。这是一种十分简单的方法，也是最开始能够得到石墨烯的有效途径。2004 年 Novoselov 等用透明胶带反复撕粘固定在平台上的高定向热解石墨，然后将所得薄片转移到 Si 片上，最后经原子力显微镜表征发现采用这种简单的方法不仅可以得到几个原子层厚度的石墨烯，还可以得到单原子层石墨烯。尽管采用上述方法可以获得高质量石墨烯，但其产率低，只适合于实验室研究，不利于大规模生产。

随着研究的不断深入，人们发现用超声波辅助液相剥离技术制备石墨烯的方法比较适用于大规模生产。溶剂剥离法的原理是将少量的石墨分散于溶剂中，形成低浓度的分散液，利用超声波的作用破坏石墨层间的分子力，此时溶剂可以插入石墨层间，将石墨层层剥离，从而制备出单原子层的石墨烯。Lotya 等采用十二烷基苯磺酸钠表面活性剂的水溶液作为剥离溶液制备了石墨烯，产率约为 3%。溶剂剥离法可以制备高质量的石墨烯，但其缺点是产率很低，从而限制了它的商业应用。Jan 等将石墨薄片加入聚乙烯醇(PVA)水溶液中，超声 48h，最终得到大小在 1μm 左右、厚度为 6~8 个原子层的石墨烯。Lin 等利用臭氧辅助超声的方法成功将天然石墨在水中剥离成结构保持完整的多层石墨烯。该方法在整个制备过程中没有任何化学试剂或有机溶剂参与，是一种绿色和环境友好的制备技术，尤其重要的是制备的石墨烯能够在水中稳定存在长达数月，而没有发生团聚现象。

1.3.2 化学气相沉积法

化学气相沉积法是一种在炉腔内通入化学气体，在一定温度下通过化学反应对含碳化合物进行分解，在衬底上沉积并生长成薄膜的方法。通常是在基底的表面形成一种过渡金属(如 Cu、Co、Pt、Ir、Ru 及 Ni 等)薄膜，以此薄膜作为催化剂，然后用 CH_4 作为碳源，用气相解离的方法解离过渡金属薄膜，使得石墨烯片层在过渡金属薄膜表面逐步形成，最后采用强腐蚀性的酸性溶液对金属膜进行处理，进而制备出石墨烯。Reina 研究组分别用 CVD 法在多晶 Ni 薄膜表面制备了尺寸可达到厘米数量级的石墨烯，所制得的石墨烯薄膜在透光率为 80% 时电导率即可达到 $1.1×10^6 S/m$，成为目前透明导电薄膜的潜在替代品。此法可以制备出大面积、高质量、力学性能良好的石墨烯片，并且可以转移到其他目标基片上，是最有可能实现工业化的制备方法，但也有其自身的局限性，反应过程中会有杂质生成，对设备及外围设施依赖性较强，使石墨烯制备成本不能得到有效地降低，值得注意的是，CVD 技术在制备石墨烯复合材料方面仍未得到广泛的研究。

1.3.3　外延生长法

外延生长法通过高温加热 6H-SiC 单晶表面，使 Si 原子从其特定晶面上脱附而得到基于 SiC 基底的外延石墨烯。Virojanadara 等通过在超高真空条件下 6H-SiC(0001) 晶面的热分解得到了单层石墨烯，但是外延生长不易得到厚度均匀的大面积石墨烯材料。

1.3.4　氧化还原法

相比于其他制备方法，氧化还原法操作简单，产物的产量高，是目前可用于规模化制备石墨烯的方法。如图 1.4 所示，该方法以石墨为原料出发，经过石墨的氧化、氧化石墨的剥离与氧化石墨烯的还原最终制备得到石墨烯。石墨的氧化方法主要有 Brodie 法、Staudenmaier 法和 Hummers 法。氧化石墨烯还原方法有化学还原法、光催化还原法、热还原法与电化学还原法等。因此氧化石墨烯（Graphene Oxide，GO）是石墨烯的重要衍生物和前驱体。与石墨烯相比，GO 结构中引入含氧官能团，使其具有表面活性，有利于后续处理和应用。基于 GO 的研究会进一步拓展石墨烯的应用领域。

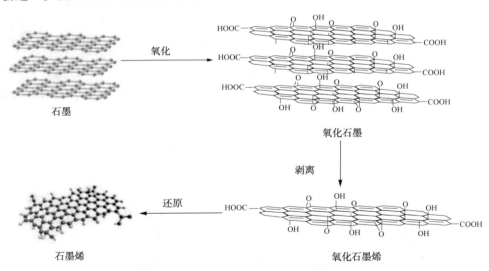

图 1.4　氧化还原法制备石墨烯过程示意图

1.3.4.1 化学还原法

化学还原法是目前最为常用的还原方法，其做法是在特定条件下将适量强还原剂加入 GO 的分散液里进行反应，以除去多数含氧基团，常用的还原剂有水合肼、硼氢化钠等。2006 年 Rouff 等首次采用肼作还原剂化学还原 GO 制得了单层的石墨烯。Chen 等通过含硫化合物对 GO 水溶液进行还原也得到了可与水合肼还原产物相媲美的石墨烯材料。化学还原法可有效地除去碳层间的各种含氧基团，得到具有较高还原程度的材料。但最终的产物仍含有少量的含氧基团，同时 sp^2 共轭结构也存在一定的不完整性，因而其导电性能达不到理论值。通常将化学还原得到的产物称为化学还原 GO。此外，化学还原法使用的水合肼等强还原剂，也带来很多问题，一方面水合肼是剧毒物质且不易燃烧，易造成人体伤害、环境污染和设备损坏；另一方面，残留的水合肼可能会影响其某些应用，如减少太阳能电池供体化合物，从而会增加生产光催化电池的复杂性。因此，一些新的绿色还原剂不断被发掘用于 GO 的还原。

据报道，2011 年已有将近 63 种植物被用于还原 GO，最早用于茶。从那时起，基于植物的还原剂的使用一直持续发展到腰果叶、无花果、青蒿、塔尔西叶、甘蔗和洋葱等。用植物提取物作为还原剂的方法提供了生产具有较高碳含量石墨烯的生产路线，同时避免了使用有毒的肼。通常步骤是，在将氧化石墨烯还原过程中，用超声制备 GO 溶液（0.1～5g/mL），然后，GO/植物提取物溶液在 40～150℃ 的温度下回流或搅拌并保持 10min～24h。当 GO 的褐色溶液变为黑色和沉淀可被视为成功还原为还原氧化石墨烯（reduced GO，rGO）。从未还原的 GO 中利用离心分离 rGO，还可通过控制离心速度、体积和时间从 rGO 薄片中去除吸附的植物提取物残留物。在讨论植物提取物对还原效果时，实际还原阶段存在许多可控制的参数，例如，还原温度、持续时间和 GO 浓度。

Wang 等通过将 GO 与茶的混合溶液在 N_2 氛围和 90℃ 下进行反应，制得了高还原度的石墨烯材料，且产物在水中具有极佳的分散性，这是由于茶多酚在作为还原剂的同时，也因其大分子结构起到了稳定剂的作用。Zhang 等采用常用的维生素（L-AA）还原得到了与水合肼还原产物电导率相当且可稳定分散的石墨烯溶液，并对 L-AA 的还原机理进行了探讨。

1.3.4.2 热还原

除了化学还原法以外，热还原也是去除氧化石墨或 GO 含氧基团的常用方法。具体做法是在 N_2 或 Ar 气氛中对石墨氧化物进行快速高温处理，一般温度约为 1000℃，升温速率大于 2000℃/min，使石墨氧化物迅速膨胀而发生剥离，同时可使部分含氧基团热解生成 CO_2，从而得到石墨烯片。此外，热还原还可在其他条件辅助下在较低的温度条件下实现。该方法制备的石墨烯的 C/O 比一般约为 10，高于用化学还原法制备的石墨烯。Chen 等采用微波辅助热还原 GO 和 N,N-二甲基乙酰胺的水溶液，得到还原度较高的石墨烯产物。此过程仅需要几分钟就可完成，微波处理时间对产物还原程度具有显著的影响。Dubin 等则通过水热法对 GO 进行还原，得到的石墨烯产物显示出较高还原程度的同时，可稳定分散于 N-甲基吡咯烷酮中。热还原的还原效率虽然较高，但其过程对反应条件及设备的要求很高，不利于降低成本和规模化制备。

1.3.4.3 光催化还原

目前，也有文献报道了光催化还原氧化石墨或 GO 而得到石墨烯的方法，做法是在光催化剂 TiO_2 的存在下通过紫外光照射还原或在 N_2 气氛下氙气灯的快速闪光光热还原石墨氧化物而得到石墨烯。Akhavan 等即采用此法实现了 GO 的还原，他们先用去离子水和乙醇清洗 TiO_2 薄膜，再用汞灯紫外辐照 2h，把 GO 溶液喷涂在 TiO_2 薄膜上得到 GO/TiO_2 薄膜，然后 60℃ 干燥该薄膜 24h。为了使 GO 片更好地黏附在 TiO_2 层上，又将干燥后的薄膜在 400℃ 的空气中进行了 30min 退火。最后把上述得到的 GO/TiO_2 薄膜浸在乙醇溶液中，在室温下用 $110mW/cm^2$ 汞灯（峰值波长在 275nm、350nm 和 660nm）辐照不同的时间，即得到了具有不同还原程度的石墨烯。Kim 等也通过光催化紫外照射还原 GO 和 TiO_2 的混合物成功制备石墨烯。光催化还原法的广泛应用受到其低效率的严重限制。

1.3.4.4 微波还原法

微波能在短时间内将石墨加热升温，也可以应用于氧化石墨的还原，微波还原制备过程易于操作和控制，并且使用微波对体系的加热所需的反应时间短，也比较均匀。微波加热法还原氧化石墨烯是一个新方法，微波法采用有机溶剂来加速化学反应的进行，加热的过程中，有机溶剂在分子水平上逐渐被分解并产生氧自由基，使得石墨纳米颗粒发生破碎以获得石墨烯。

1.3.4.5 电化学还原法

电化学还原法利用外加电源，调整电压使材料内的电子运动状态发生转变，对电极进行修饰从而达到对材料的还原。实验过程中，一般是用氧化石墨烯修饰电极，并将其连接电源作为负极材料，随之负极产生电子，使得氧化石墨烯与电极表面发生化学反应，从而去除含氧官能团，制备石墨烯材料。修饰电极电化学还原是目前常见的氧化石墨烯电化学还原方法。一般先将氧化石墨烯修饰于电极上，再将修饰电极作为阴极进行电化学反应实现还原。在此过程需要通过浸涂法、旋涂法和化学修饰等成膜技术实现电极的修饰，最终制备的还原氧化石墨烯通常是二维的石墨烯薄膜。电化学还原方法是一种制备工艺简单、成本不高、环保安全的制备石墨烯薄层材料的方法，可以不用化学剂且副产物较少。

目前，关于电化学还原氧化石墨烯（Electrochemically Reduced Graphene Oxide，ERGO）的方法已有报道，可将其分为两类：直接电化学还原法和两步电化学法（图1.5）。

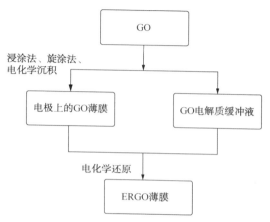

图1.5 电化学还原法制备石墨烯的示意图

（1）直接电化学还原法

直接电化学法是氧化石墨烯溶液在电压作用下直接在电极表面还原成石墨烯。通常使用循环伏安法、线性扫描伏安法或者在恒电位还原。当氧化石墨烯与电极接触时，电化学还原发生。由于氧化石墨烯溶液和电化学还原氧化石墨烯在电解液中溶解度不同，电化学还原石墨烯沉积在电极的表面。

通过恒定电位技术，An 等在 10V 直流电压作用下氧化石墨烯通过电泳沉积在不锈钢电极上形成层层堆积的膜，直接在电极上进行还原。但还原过程发生在阳极，还原得到电化学还原石墨烯沉积膜需要进一步热处理（图1.6）。通过恒定电位技术，在一段时间内施加恒定的负电位以完全还原悬浮液中的所有氧化石墨烯片。随着氧化石墨烯被消耗，电流减小，当转换完成时接近零。选择适当的阴极还原电位和时间对于将氧化石墨烯完全还原为电化学还原的氧化石墨烯至关重要，现更负的电位增加氧化石墨烯的还原速率。Tong等使用石墨作电极，直接将氧化石墨溶液

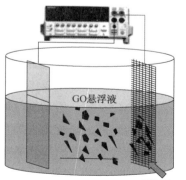

图1.6 直接电化还原学法示意图

9

和 KNO$_3$电解液在 20V 直流电压作用下通过磁力搅拌的作用下发生还原。随着反应时间的变化(10min~8h),GO 溶液由黄色变为黑色,氧化石墨烯的还原程度提高。该法得到的电化学还原氧化石墨烯在溶液中。郭等人表明氧化石墨烯中的 C ═O 官能团可以在−1.3V(相对于 SCE)转换,缩短时间延长;然而,O—H 和 C—O—C 官能团只能在−1.5V(相对于 SCE)的更负电位下降低。虽然电化学还原的氧化石墨烯中的氧含量随着使用更多的负电位而降低,但一些研究报道了应用比−1.5V(相对于 SCE)更负的电位可能导致氢气泡的演变从水的减少开始,形成物理屏障,阻碍氧化石墨烯片接近工作电极并完成电化学还原过程。

与恒定电位降低技术不同,循环伏安法技术基于在工作电极上在前向和后向两个固定电位范围内线性地改变所施加的电位。与恒定电位降低技术相比,循环伏安法的主要优点是它提供了有关氧化还原电位和反应可逆性的信息。通常,氧化石墨烯从水性悬浮液中的电化学还原在 0~1.5V 的电位范围内进行。已经报道了在 20~100mV/s 范围内的扫描速率。据报道,从工作电极上的水悬浮液直接电化学还原氧化石墨烯得到的循环伏安图显示出两个阴极电流峰。

尽管在循环伏安图的第一次电位扫描中观察到阴极峰的一些相似性,但在连续电位扫描的观察和解释中存在分裂,用于从水性悬浮液中电化学还原氧化石墨烯。陈等人报道了连续电位扫描的峰值电流持续增加,这归因于导电石墨烯直接从氧化石墨烯悬浮液沉积到电极表面上。然而,其他一些对比研究表明,由于吸附的氧化石墨烯的表面受限的电化学行为,阴极峰值电流随着连续的电位扫描而降低。无论用于从水悬浮液直接电化学还原氧化石墨烯的电化学技术如何,可以直接观察到明显的变化以判断电化学还原过程的还原效果。在电化学还原过程中,天然氧化石墨烯水悬浮液的黄褐色变为无色,伴随着大量黑色沉淀物附着在工作电极基板上。不同于恒电位法,循环伏安法电压在工作电极上在固定的电位范围内变化,可以用于确定氧化还原电位和反应的可逆性等。循环伏安法通常使用 20~100mV/s 的扫描速率,电位从 0~1.5V 变化。Guo 等首先使用循环伏安法测定预处理到玻碳电极上氧化石墨烯的还原电位。然后在大规模实验中使用恒定的还原电压−1.5V 或者−1.3V 作用下反应 2h。相较于−1.3V 的作用,在−1.5V 时,电化学还原更有效,但是氢气泡也随之产生。在还原过程中,氧化石墨烯溶液由棕黄色变为无色,电极出现黑色沉积的电化学还原氧化石墨烯。

通常,磷酸盐缓冲溶液用作氧化石墨烯胶体悬浮液的支持或缓冲电解质,以在氧化石墨烯的一步电化学还原中形成介质。然而,已报道的其他电解质,例如,NaCl 和 Na$_2$SO$_4$,作为电化学还原过程中氧化石墨烯胶体悬浮液中的电解质。氧化石墨烯胶体悬浮液混合的支持电解质的浓度通常非常稀,但它们的添加对于电化学沉积是必需的。电解质的浓度通常与介质的总电导率相关。Hilder 等报道，介质的电导率是在从水悬浮液中电化学还原氧化石墨烯期间形成高质量薄膜的关键参数。对于中性 pH 介质(0.5mg/mL 氧化石墨烯和 0.25mg NaCl)，发现最佳电导率范围在 $4\sim25$mS·cm^{-1}之间，相对 SCE，还原电位为-1.2V。另外，在电化学还原过程中，电化学还原氧化石墨烯和氧化石墨烯在溶液中的溶解度不同，电化学还原氧化石墨烯会在电极上沉积。因此电解液和溶液 pH 值对 GO 膜的形成起着重要作用。尽管氧化石墨烯可以在 $1.5\sim12.5$ 的宽 pH 范围内电化学还原，但 Liu 等表明氧化石墨烯在 pH 大于 10.0 时，电化学还原未能导致电化学还原的氧化石墨烯薄膜沉积在电极表面上，因为产生的电化学还原的氧化石墨烯薄膜可溶于强碱性介质并变得不稳定 pH 值超过 11.0。电化学还原的氧化石墨烯的溶解度归因于石墨烯平面上存在的残留酚羟基、羧基和环氧基。

（2）两步电化学还原法

两步电化学还原法，先采用不同的薄膜组装方法将 GO 修饰于特定的电极基底上，得到经氧化石墨烯修饰的电极，随后以此修饰电极作为经典三电极电解体系的工作电极在特定电解质溶液中进行电解反应，从而实现 GO 膜的还原。因此，该法得到的产物是 ERGO 膜。

通过薄膜沉积技术可将 GO 组装到基底上，如浸涂法、旋涂法、层层自组装、电化学沉积等。通常基底可以是不导电基底(剥离、柔性塑料等)，也可以是导电基底(ITO、玻碳、金等)。对于不导电基底需要处理到导电电极上再进一步还原。另外，GO 膜的厚度、均匀性及表面形态可通过不同的沉积技术、沉积时间和 GO 量等进行控制。GO 的尺寸和形状等受到电极尺寸和形状的限制。Zhou 等使用旋涂法得到不同厚度($1\sim2$nm)的 GO 膜，并且可通过调整 GO 溶液浓度和体积可得到 60nm 厚的膜。再将 GO 进行还原得到是 ERGO 膜。Liu 等通过电化学沉积的方法将 GO 修饰在 ITO 导电玻璃基底上，随后以此作为工作电极，与玻碳电极配对在 0.1mol/L 的 KCl 溶液中进行 $0\sim-1.0$V 的扫描，即得到了位于 ITO 基底上的 ERGO 薄膜。GO 通过分子间作用力可与电极表面形成吸附力，但随着研究的不断深入，通过电极修饰形成静电吸引力等也被用于 GO 的修饰电极还原中。Raj 等首先通过自组装法将 HDA(1,6-己二胺)修饰在干净的玻碳电极表面，得到初步修饰的电极。此时由于 HDA 一端水解显正电性，从而会吸引显负电性的 GO 片在 GCE/HDA 电极表面进行自组装，最终得到了经 GO 修饰的玻碳电极(GCE/HDA/GO)。Raj 等随后对此修饰电极在 $0\sim-1.4$V 之间进行了电化学还原，得到了较高还原程度的 ERGO。Wang 等将 APTES 修饰到玻碳电极表面。再通过氨基与 GO 官能团的作用，将 GO 组装到电极表面。随后使用循环伏安法

（0.7~1.1V，50mV·s⁻¹）进行还原得到 ERGO 膜。类似于直接电化学还原法，电解液和 pH 值也对 GO 膜的形成起着重要作用。通常使用硝酸钾、氯化钠或者氯化钾作为电解液。pH 通常在酸性或中性。

氧化石墨烯膜的电极在不同的研究中有所不同，虽然磷酸盐缓冲溶液已广泛用作氧化石墨烯薄膜在电极上的两步电化学还原的支持电解质，但其他支持电解质如 KCl、KNO₃ 和 NaCl 也有报道。与一步电化学方法相比，两步法中的氧化石墨烯膜改性通常在酸性或近中性 pH 电化学介质中电化学还原。低 pH 介质有利于氢离子（质子），它们参与氧化石墨烯的电化学还原。

与一步法中氧化石墨烯的循环伏安图减少相反，两步法中氧化石墨烯涂层电极的循环伏安图显示只有一个阴极电流峰值在第一扫描周期期间的负电位窗口处。观察到的阴极电流峰位置在不同的研究中变化很大，这些研究来自不同的参比电极系统，所使用的电解质介质以及氧化石墨烯表面上的不同类型的氧官能团。Dogan 等人报道，相对于 Ag/AgCl₃mol NaCl 电极，单阴极电流峰值在-0.4~-0.6V 范围内，而 Guo 等人报道了相对于 SCE 的-1.2V 的单阴极还原峰。然而，氧化石墨烯涂层电极的循环伏安图中的一个常见观察是，在第一个扫描周期中的阴极电流峰值在随后的扫描周期中显著降低，并且在几个扫描周期后几乎完全消失。该观察结果表明，氧化石墨烯电化学还原为电化学还原氧化石墨烯是一个不可逆的过程。

在两步法中，除使用循环伏安法外，也可使用恒电压进行还原。Li 等通过滴涂法将 GO 修饰到玻碳电极上，将修饰后的电极进入磷酸钾缓冲溶液中（pH5.1~5.5），在不同的恒电位还原 3min。研究结果表明，随着还原电压的增加，还原程度提高。并且当还原电压为-1.8V 时，由于电极上氢气泡的产生，还原石墨烯膜可完全从电极上剥离。Peng 等在将 GO 修饰的电极浸泡在有硝酸钠电解液的三电极系统中在恒电压-1.1V 下还原 4.5h。通过控制氧化石墨烯沉积到电极上的形状和厚度，得到了还原程度较高的不同形状和厚度的还原石墨烯膜。

氧化石墨烯还原的阴极峰电位受缓冲介质 pH 值的影响。研究表明，随着缓冲介质的 pH 值增加，氧化石墨烯还原的线性扫描伏安图中的阴极峰电位发生负移动。实际上，氧化石墨烯上的不同类型的氧官能团导致氧化石墨烯的电化学反应性和吸附性的显著变化，这反过来导致大范围的还原电位。通常，在氧化石墨烯的还原过程中使用比阴极峰电位更负的电位。尽管电化学还原时间延长，但当施加的电位比阴极峰电位的负电位小时，所得的电化学还原的氧化石墨烯中仍保留一些氧官能团。原则上，更负面的应用潜力导致更快的还原率。然而，一些研究人员声称，更快的电化学还原速率可能导致所得电化学还原的氧化石墨烯中的缺陷。郭等人表明，通过在高温下进行电化学还原或通过退火可以消除这些缺陷。此外，电化学还原的氧化石墨烯薄膜也可以通过氢气泡完全从电极基板表面剥离，因为在负电位超过-1.5V，与 SCE 相比水减少了。通常，相对 Ag/AgCl，在-1.0~-1.5V 范围内的施加电势用于在缓冲电解质存在下还原涂覆在电极基板上的氧化石墨烯。

氧化石墨烯的电化学还原是通过去除氧化石墨烯中的氧官能团来实现的，氧化石墨烯又反过来在所得的电化学还原的氧化石墨烯中回收 sp^2 碳键的石墨网络。完全去除氧化石墨烯中的氧官能团以完全恢复原始石墨烯的独特性质目前仍然遥不可及。然而，通过改变恒电位技术中的电化学还原时间和阴极电位，可以调节所得电化学还原氧化石墨烯的氧含量。周等人报道，电化学还原的氧化石墨烯在-0.90V（相对于 Ag/AgCl）电化学还原超过 5000s 时的 O/C 比为 0.04。在另一项研究中，Li 等人证明，电化学还原氧化石墨烯的 O/C 比为 0.18 是在电化学还原-1.6Vvs. SCE 180s 的时间内可达到的。通常，记录电流与时间（$i-t$）曲线以检查在恒定电位降低技术中氧化石墨烯的电化学还原的时间要求。当还原电流在电流-时间（$i-t$）曲线中随时间保持恒定时，氧化石墨烯的电化学还原被认为是完全的或最大效率。事实上，氧化石墨烯的电化学还原也可以通过在氧化石墨烯涂覆的电极上发生的颜色变化来评估。据报道，氧化石墨涂覆的电极的颜色在电化学还原时从黄棕色变为黑色。

尽管上述方法都能实现氧化石墨或氧化石墨烯的还原，但受制于其各自的缺点，它们在低成本、大规模和高质量地制备石墨烯方面并不现实。为解决此问题，石墨烯的电化学还原制备技术得到了越来越多的关注。

1.4 石墨烯的功能化

由于石墨烯结构完整，化学稳定性高，其表面呈惰性状态，与其他介质（如溶剂等）的相互作用较弱，并且石墨烯片与片之间有较强的范德华力，容易产生聚集，使其在水及常见的有机溶剂中难于分散，这给石墨烯的进一步研究和应用造成了极大的困难，因此，对其进行有效的修饰和功能化提高其分散性尤为重要。所谓功能化就是利用石墨烯在制备过程中表面产生的缺陷和基团通过共价、非共价或掺杂等方法，使石墨烯表面的某些性质发生改变，更易于研究和应用。

1.4.1 共价键功能化

石墨烯的共价键功能化以共价键的形式将石墨烯与新引入的基团结合以改进

13

和增强其性能。由于氧化石墨烯含有大量的羧基、羟基和环氧基等活性基团，因而可以利用这些基团与其他分子之间的化学反应对石墨烯表面进行共价键功能化。如异氰酸酯化、羧基酰化、环氧开环、二氮杂化和加成。

碳骨架的功能修饰主要是利用石墨烯或氧化石墨烯芳香环中的 C ═C 键进行的。报道了氧化石墨烯重氮化反应和 Diels-Alder 反应。Zhong 等人使用液相石墨烯作为原料，分散在 2% 胆酸钠(作为表面活性剂)水溶液中，并用溶剂搅拌 4-丙炔氧基重氮苯四氟硼酸酯在 45℃ 下放置约 8h，以获得 4-丙炔氧基苯基石墨烯。然后，与叠氮聚乙二醇羧酸进行点击化学反应以实现对石墨烯碳骨架的加成反应，从而进一步官能化石墨烯。这种方法灵活方便，可用于制备石墨烯复合材料和生物传感器。

此外，氧化石墨烯含有大量的活性羟基，其中羟基功能化改性通常涉及酰胺或异氰酸酯与石墨烯的氧化羟基反应生成酯，然后使用不同基团进行进一步的功能改性。Stankovich 等利用异氰酸酯与氧化石墨上羟基和羧基的反应，制备了异氰酸酯功能化的石墨烯，能很好地溶于 DMF 等多种极性溶剂中。但是这种方法由于含氧官能团的存在使得其导电性能急剧下降。

羧基功能化步骤通常是活化反应，然后将含有氨基和羟基的基团脱水以形成酯键或酰胺键。常用于羧基活化的试剂包括亚硫酰氯($SOCl_2$)，N,N-二环己基碳二亚胺(DCC)和 1-乙基-3-(3-二甲氨基丙基)-碳二亚胺(EDC)。Bonanni 等人通过还原处理去除了氧化石墨烯中的含氧基团，从而在石墨烯表面重新引入羧基。羧基的插入基于自由基加成反应，该反应不仅发生在位于边缘平面的碳原子上，而且也发生在石墨烯片更丰富的基面上。具体而言，化学还原氧化石墨烯(CRGO)首先通过异丁腈基进行功能化，异丁腈基由偶氮二异丁腈(AIBN)热分解生成，生成 CRGO-CN。随后，CRGO-CN 在甲醇和氢氧化钠水溶液的混合物中回流，导致水解反应，以提供富含羧基的 CRGO，如图 1.7 所示。

Samulski 等首先用硼氢化钠还原氧化石墨，然后磺化，接着用水合肼还原，得到了磺酸化的石墨烯。这种方法较大程度的恢复了石墨烯的共轭结构，导电性能达 1250S/m，且能溶于水，便于进一步的研究和应用。功能化的石墨烯可以很好地分散到水相和极性有机溶剂中，在小分子功能化的基础上，人们又探索了聚合物功能化的石墨烯。Ye 等首先用硼氢化钠还原氧化石墨烯，接着在自由基引发剂的存在下，用聚乙烯和丙烯酰胺与石墨烯接枝共聚，制备了聚乙烯和丙烯酰胺嵌段共聚接枝的石墨烯。这种方法制备的石墨烯既能溶于水又能溶于二甲苯;作为添加物，更能在多种聚合物中均匀分散，进一步拓展了石墨烯的应用空间。

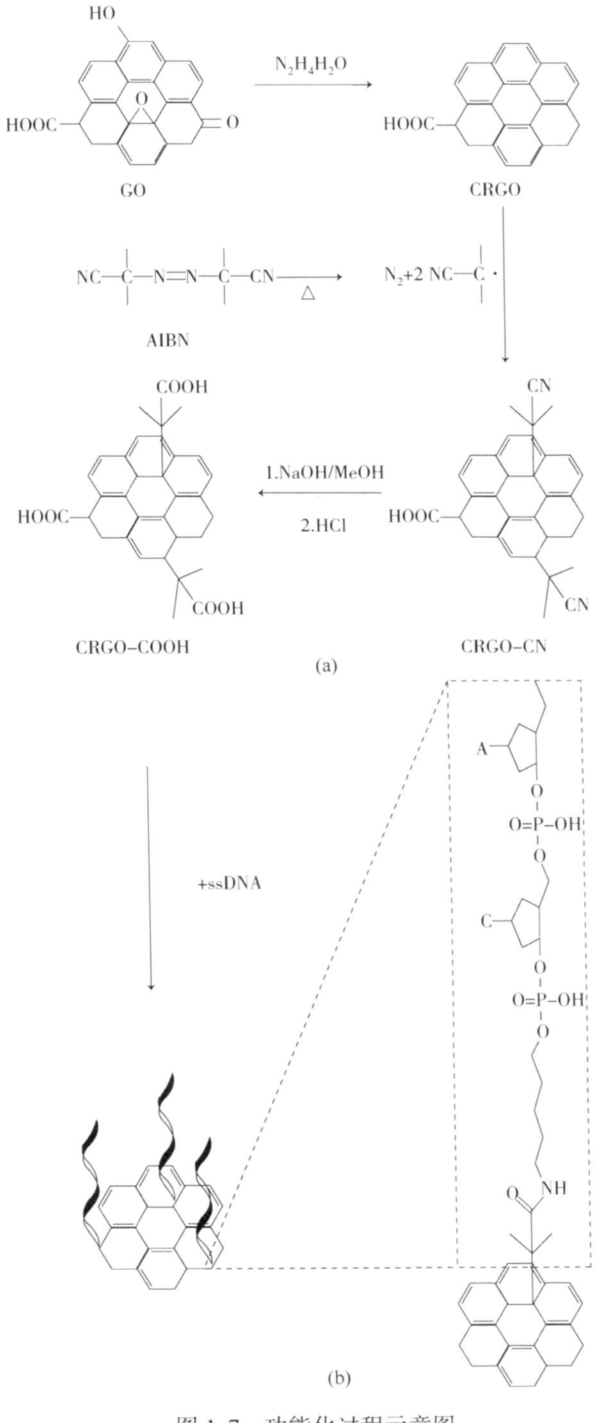

图 1.7 功能化过程示意图

1.4.2　非共价键功能化

石墨烯的功能化除了共价改性外，还包括非共价键改性。共价改性一般都会在一定程度上破坏石墨烯的化学结构，而非共价键改性一般只是修饰剂与石墨烯间通过 $\pi-\pi$ 相互作用、离子键和氢键等相互作用对石墨烯表面进行修饰，使得石墨烯能够稳定分散在溶剂中。其最大的优点是保持石墨烯结构和优异性能，也提高了分散性和稳定性。非共价键功能化过程简单、条件温和，而保持石墨烯的结构和性能。然而，这种方法的缺点是引入了其他组分（例如表面活性剂）。

Ruoff 等利用聚苯磺酸钠来修饰氧化石墨烯，由于两者间较强的 $\pi-\pi$ 相互作用和静电斥力作用，经还原后所得产物能很好地溶解，且浓度达 1mg/mL。离子相互作用是非共价键修饰石墨烯的另一种方法。Penicaud 等人利用钾盐插层石墨的方法，通过超声处理，获得了能溶于 NMP 的石墨烯。这种方法未添加任何修饰剂，直接利用钾离子和石墨烯上羧基负离子之间的排斥作用获得了能够稳定分散的石墨烯。

此外，非共价键功能化石墨烯的另一种方法是石墨烯与修饰剂之间的氢键作用。利用氢键功能化石墨烯主要是基于石墨烯含氧基团与修饰剂之间存在强烈的氢键作用。Mann 等在氧化石墨烯溶液中加入新解螺旋的单链 DNA，然后用水合肼还原，得到了 DNA 修饰的石墨烯，其水溶液的浓度可达 $0.5\sim2.5$mg/mL。这种修饰方法即利用了石墨烯与 DNA 之间的氢键和静电斥力作用。

Patil 等通过石墨烯与 DNA 之间的氢键实现了石墨烯的表面功能化，从而提高了石墨烯的亲水性并稳定了石墨烯的亲水性。另一方面，有机分子的负载发生在石墨烯表面。功能改性石墨烯表面氢键化不引入杂质，安全可靠，在生物医学领域具有重要的潜在应用前景。图 1.8 显示了（a）氧化石墨烯、（b）氧化石墨烯-PDI 和（c）氧化石墨烯-PyS 通过 $\pi-\pi$ 相互作用和（d）带负电荷的 ssDNA-G 片和带正电荷的细胞色素 C 的共组装产生共插层多功能层状纳米复合材料的水分散过程示意图。Patil 等通过简单的非共价键反应制备了一种新型的氧化石墨烯-盐酸阿霉素纳米杂化物（GO-DXR），以及研究了 DXR 的加载和释放行为。在初始 DXR 浓度为 $0.47\text{mg}^{-1}\text{mL}^{-1}$ 时，DXR 在 GO 上的有效添加量高达 2.35mg^{-1}。DXR 的加载与释放表现出强烈的 pH 依赖性，这可能是由于 GO 和 DXR 之间的氢键相互作用。

相同类型电荷之间的静电斥力为另一种改善石墨烯分散性的策略。Bhunia 等使用水合肼作为还原剂来控制还原，同时去除氧化石墨烯的羟基和环氧键等官能

16

团，并保留羧基阴离子，由于电荷排斥从而在水中很好地分散。使得石墨烯的进一步化学转化可以在水中进行。氧化石墨烯可溶于水，因为其表面负电荷相互排斥并形成稳定的胶体溶液。

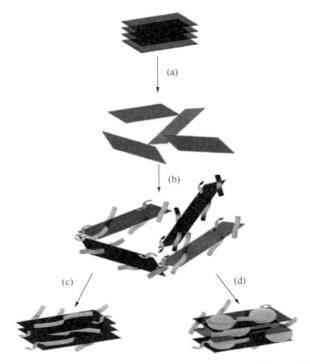

图 1.8 （a）氧化石墨烯、（b）氧化石墨烯-PDI 和（c）氧化石墨烯-PyS 通过 π-π 相互作用和（d）带负电荷的 ssDNA-G 片，与带正电荷的细胞色素 C 共组装产生共插层多功能层状纳米复合材料的水分散过程示意图

1.4.3 元素掺杂

元素掺杂修饰通常采用热处理、离子轰击、电弧放电等手段将不同的元素加入石墨烯中，替代石墨烯中缺陷和空位缺陷。同时，元素掺杂调整能量石墨烯的能带结构，但掺杂过程很难控制定量。

元素掺杂是一种有效裁剪或者调控石墨烯性质，拓展其应用领域的一种常用方法。在众多掺杂剂中，N 原子与 C 原子的原子半径近似，其可以提供电子，以取代的方式和石墨烯进行掺杂，制备的 N 掺杂的石墨烯表现出许多优异的性能，在传感器、燃料电池、超级电容器等领域有广阔的应用前景。

N 掺杂石墨烯的制备方法主要有化学气相沉积（CVD）法、分离生长、电弧放电法、热处理等方法。在制备氮掺杂石墨烯的方法中，氨气、乙腈、吡啶、三聚氰胺等含氮化合物及氮等离子体常作为氮源使用。

Duan 等以硝酸铵为原料热处理石墨烯，制备氮掺杂的石墨烯，催化苯酚氧化降解是未掺杂石墨烯的 5.4 倍。系统研究了 B、P 掺杂或 n 掺杂石墨烯。采用热处理工艺制备氮掺杂石墨烯的过程如图 1.9 所示。

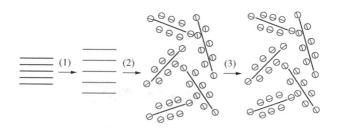

图 1.9　氮掺杂石墨烯的热处理制备过程

Pasupathy 的研究小组利用 CVD 法在氨气氛围中制备了氮掺杂石墨烯，并首次以 STM 观察到了石墨烯平面的掺杂氮原子，见图 1.10。研究发现，在石墨烯的平面上，单个氮原子取代碳原子的位置，每个氮原子提供的额外电子，有一半分布在整个石墨烯晶格上，且氮原子对石墨烯电子结构的改变只限定在局部范围，在远离氮原子的地方又恢复原来碳六元环的结构。

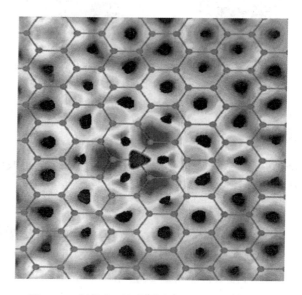

图 1.10　氮掺杂石墨烯中氮原子的结构模拟图

1.5 石墨烯基复合材料

由于石墨烯独特的结构和优异的性能，越来越多的研究致力于石墨烯材料在各个领域的应用研究，石墨烯改善复合材料的性能是石墨烯应用领域中的一个非常重要的研究方向，其在能量储存、电子器件、生物材料、传感材料和催化剂载体等领域展现出了优良性能，具有广阔的应用前景。目前，石墨烯复合材料的研究主要集中在石墨烯/聚合物复合材料和石墨烯基金属颗粒复合材料上，而随着对石墨烯研究的不断深入，石墨烯增强体在块体陶瓷基复合材料中的应用也越来越受到人们的重视(表1.1)。

表 1.1　功能化石墨烯的性质

修饰类型	修饰的官能团	修饰试剂	反应类型	性能
共价键功能化	—C≡C—	4-偶氮苯四甲酸丙炔氧基	重氮化作用	水溶
	—OH	2-溴异丁基溴，NaN_3	酯化反应	可溶性好
	—COOH	$SOCl_2$	酯化反应	导电
	—OH	N_2H_4，DNA	加成酯化	可溶性好
非共价键功能化	碳六元环	磺化苯乙烯/丁烯苯乙烯共聚物	共聚作用	纳米材料
	碳六元环	四芘衍生物		稳定，可分散、导电
	—OH	DNA	氢键相互作用	稳定，可分散、水溶性好
	—OH	DXR	氢键相互作用	稳定，可分散、水溶性好
	—COOH	端胺聚合物	离子相互作用	稳定，可分散、水溶性好
	—COOH	十二烷基苯磺酸钠	离子相互作用	稳定，可分散、导电
	—COO—	水合肼	静电作用	稳定分散
元素掺杂	—C—	B、P 和 N	—	能带结构改变

1.5.1 石墨烯/聚合物复合材料

石墨烯具有优异的物理和电学性能。氧化石墨原料易得，成本低廉，比表面积大且表面官能团丰富，经过改性和还原后可在聚合物中形成较好的纳米级分散相，显著改善聚合物的热学性能、力学性能以及电学性能。

近年来，已报道了多种将石墨烯分散到聚合物中的制备方法。将石墨烯均匀分散到聚合物基体之中、填料与基体之间的界面处的键合相互作用的性质对最终的复合材料性能具有重要意义。大量研究以求将改性或者未改性的石墨烯均匀分散到聚合物基体之中，并且越来越多的研究重点是在石墨烯基填料和支撑聚合物之间引入共价键以促进更强的界面键合。值得一提的是，氧化石墨烯是制备石墨烯的重要前驱体，是具有含氧官能团的二维纳米材料，具有良好的分散性，而且氧化石墨烯还原法是目前大规模制备石墨烯的方法，所以制备复合材料使用的基本上为改性或还原的氧化石墨烯。

1.5.1.1　石墨烯/聚合物复合材料的制备

石墨烯/聚合物复合材料主要有三种方法：溶液共混法、熔融共混法和原位聚合法。

（1）溶液共混法

溶液共混法是将石墨烯的胶体悬浮液与所需的聚合物混合，该聚合物本身已经在溶液中，或者通过简单搅拌或剪切混合将其溶解在石墨烯的悬浮液中。然后可以使用非聚合物溶剂来沉淀所得的悬浮液，使聚合物链在沉淀时包封填料，然后可以将沉淀的复合材料提取，干燥并进一步处理以进行测试和应用。或者，可以将悬浮液直接浇铸到模具中并除去溶剂。但是，可能会导致复合物中填料的聚集，这可能会损害复合材料的性能。溶液共混法要求石墨烯在特定溶剂中有良好的溶解性，这种方法的优势在于，它可应用于低极性或非极性聚合物插层复合材料的合成，但是溶剂的去除是关键的问题。

溶液混合法在文献中已得到广泛报道。该方法已用于将石墨烯掺入多种聚合物中，包括聚碳酸酯、聚丙烯酰胺、聚酰亚胺以及聚甲基丙烯酸甲酯。因为石墨烯通常可以在水中进行处理，使得该技术特别适用于水溶性聚合物，例如，聚乙烯醇和聚烯丙胺，它们的复合物可以通过简单的过滤来生产。此外，氧化石墨烯/PVA 和氧化石墨烯/PMMA 溶液的真空过滤已被用于制造各种载荷范围的复合膜，其层状结构类似于氧化石墨烯纸。

虽然可以使石墨烯重新堆叠一些，但是对于溶液混合方法，石墨烯在复合物中的分散在很大程度上取决于混合之前或混合过程中石墨烯的剥落程度。因此，溶液混合提供了将单层石墨烯分散到聚合物基体中的潜在简单途径。在与聚合物混合之前，小分子功能化和接枝方法可实现石墨烯的高度剥落的悬浮液。冻干方法、相转移技术和表面活性剂已全部采用促进石墨烯基复合材料的溶液混合。但是，使用表面活性剂可能会影响复合材料的性能。例如，据报道表面活性剂可增加 SWNT/聚合物复合材料中的基体填料界面耐热性，相对于未使用表面活性剂处理的 SWNT 而言，减弱了效果。

（2）熔融共混法

在熔体共混法中，聚合物熔体和填料（以干粉形式）在高剪切条件下混合。相对于溶液混合，熔融混合通常被认为更经济（因为不使用溶剂），并且与许多目前的工业实践更兼容。然而，研究表明，由于石墨烯材料质轻，在混合时并不易均匀混合到各个部分，容易造成某个部位石墨烯的聚集，所以无法和溶剂混合或原位聚合方法的分散程度相比。多项研究报告使用石墨烯进行熔融混合，这些材料可以直接进料到挤出机中并分散到聚合物基质中，而无须使用任何溶剂或表面活性剂。另一种在混合前在非溶剂中对 GNP 进行超声处理，以使聚合物颗粒在熔融混合前均匀地被 GNP 覆盖，据报道这降低了聚合物的电渗透阈值。

这种方法的缺点是由于热还原氧化石墨烯的密度非常小，导致加料的时候非常困难，同时在这种方法制备的复合材料中，石墨烯的分散效果不如溶液共混法以及原位聚合法，如图 1.11 所示。当采用熔融共混法时，石墨烯在基体中难以均匀分散，主要聚集在中间区域，这种较差的分散状态会导致相对较低的机械性能及传导性能。与之相比，原位聚合与溶液共混法制备的复合材料中，石墨烯的分散程度更高，与基体有效接触面积更大，有效地改善了复合材料性能。

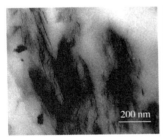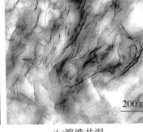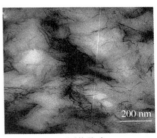

(a)熔融共混 (b)溶液共混 (c)原位聚合

图 1.11 三种不同方法制备的聚氨酯/石墨烯复合材料超薄切片的透射电子显微镜图

（3）原位聚合法

用于生产聚合物复合材料的原位聚合方法通常包括在纯单体中混合填料（或多种单体）或单体溶液，在分散的填料存在下进行聚合。原位聚合法的具体操作是将石墨烯或粉末状石墨烯分散在液态高聚物之中，通过加入合适的引发剂，使其均匀分散，然后通过加热或辐射引发聚合反应。这种方法步骤简单有利于大面积生产，但是又因为其反应过程不可控制，从而影响聚合物的各项性能。

使用原位聚合方法的许多报道已经产生了在基体和填料之间具有共价键的复合材料，原位聚合也已用于生产多种聚合物（例如聚乙烯）的非共价复合材料。与溶液共混方法不同，石墨烯基填料的高分散度是通过原位聚合实现的，而无须进行预先的剥离步骤。在一些报道中，将单体插入石墨或氧化石墨片层之间，然后聚合以分离各层。对于纳米黏土/聚合物复合材料，这种技术有时被称为插层聚合，已被广泛研究。例如，原位聚合方法已被用于剥离膨胀石墨，以在基体中产生石墨烯。石墨可以被碱金属和单体(例如，异戊二烯或苯乙烯)插入，然后由带负电的石墨烯片引发聚合。但是，不知道聚合反应是在表面上还是在两层之间进行。GO 的较大层间距促进了单体和聚合物的嵌入。另外，GO 的极性官能团促进亲水分子的直接插入，其中层间距离随着单体或聚合物的吸收而增加。已经报道了几种 GO 复合体系的原位聚合反应，包括聚乙酸乙烯酯和聚苯胺(PANI)。进行的 X 射线衍射研究表明存在插层形态，其中各个氧化石墨烯片仍然松散地堆叠在基质中，而聚合物插层在薄片。在甲基丙烯酸甲酯的原位聚合之前使用大分子引发剂插入 GO，以改善 GO/PMMA 复合材料中的填料分散性。X 射线衍射显示 GO 的层间距增加(从 0.64nm 到 0.8nm)，表明通过常规自由基聚合反应制得的 GO/PMMA 复合材料具有插层形态。但是，与大分子引发剂聚合的复合材料显示出增强的增强性能，并且没有 GO 的衍射峰，表明其剥落的形态更加明显。

原位聚合法的优点在于它能使聚合物和填料之间形成很强的界面作用，有利于应力传递，同时也能使纳米填料均匀地分散在基体中。但是，体系的黏度通常会随着聚合反应的进行而增加，这会给后续处理以及材料成型上带来一定的麻烦(表 1.2)。

表 1.2　制备方法的主要优缺点

制备方法	优点	缺点
熔融共混法	操作简单，环保经济，成本低	石墨烯分散能力差；界面结合能力差；强剪切力易破坏石墨烯结构
溶液共混法	易操作，应用范围广；分散性较熔融共混法要好；绿色环保，条件温和	相互作用力较弱；有机溶剂无法全部去除；污染环境
原位聚合法	石墨烯分散均匀且与基体结合力强；改变反应条件可调控产物形貌	反应较为复杂，不易控制；成本较高

1.5.1.2　石墨烯/聚合物复合材料的性能

石墨烯经过改性和还原后可在聚合物基体中形成纳米级分散，从而改善聚合物力学、热学和电学等方面的性能。

(1) 力学性能

由于石墨烯拥有较大的比表面积和出众的力学性能，石墨烯聚合物复合材料的力学性能得到显著提高。Ku 等通过原位聚合的方法制备了石墨烯/聚酰亚胺(PI)复合材料。当改性石墨烯掺量为 3%(质量)时，复合材料的力学性能增加到 138MPa(纯 PI 为 75MPa)。这主要是由于石墨烯与聚酰亚胺通过共价键相连，有强的界面结合力。有文献报道将氧化石墨烯和聚乙烯醇通过溶液共混法制备氧化石墨烯/聚乙烯醇复合材料。当氧化石墨烯掺量为 0.7%(质量)[0.41%(体积)]

时，拉伸强度和杨氏模量提高到 87.6MPa 和 3.45GPa，相对于聚乙烯醇分别增加 76% 和 62%。这是由于聚乙烯醇基体中的氧化石墨烯片层均匀分散以及氧化石墨烯与聚乙烯醇间氢键引起的强界面黏结。

（2）热性能

石墨烯是碳原子以 sp^2 键紧密排列成的二维蜂窝状晶格结构，其导热性能优于碳纳米管。石墨烯有极高的热导率，单层石墨烯的热导率可达 5300W/（m·K），并且有良好的热稳定性。而且除了有高的热导率值，石墨烯的二维几何形状，与基体材料的强耦合以及低成本，都使得石墨烯成为聚合物复合材料的理想填料。

Hu 等使用联苯胺功能化石墨烯与基体复合，提高了界面间黏结度，提高了热传导。填料体积分数为 0.5% 时，功能化石墨烯复合材料的热导率 [0.49W/（m·K）] 相对于碳纳米管复合材料 [0.38W/（m·K）] 提高了 30%。Shahil 等使用单层和多层石墨烯作为填料。实验结果表明，在填料体积 $f = 10\%$ 时，单层-多层石墨烯/环氧树脂体系的热导率 K 为 5.1W/（m·K），相应的热导率提高 2300%。而传统的填料体积每增加 1%，热导率提高 20%。

（3）电性能

石墨烯片层具有优异的电学性能，能够为电子转移提供渗透途径，从而使得复合材料能够导电。Hu 等采用原位乳液聚合法制备了石墨烯/聚苯乙烯复合材料。当石墨烯含量为 2%（质量）时，复合材料的电导率达到 $2.9×10^{-2}$ S/m，与纯聚苯乙烯相比电导率显著提高。Liu 等通过原位聚合法制备了石墨烯/聚苯胺复合材料，复合材料在 20mv/s 的扫描速率下比电容达到 338F/g，电流密度为 3A/g 时，电容保持率在 1000 次循环后仍能达到 87.4%。

1.5.2 石墨烯/相变复合材料

1.5.2.1 相变材料概述

当物质相态发生改变时，会出现吸放热的现象，相变材料的原理就是利用物质的相变过程来进行储放热（图 1.12）。具体来说，物质有固、液、气三相，物质由一种状态（相）变为另一种状态（相）会吸收或者释放能量，且该过程中温度不变，学术上定义为相变潜热。利用某些物质在相变过程中的吸热和放热，可以进行热能的储存和释放、温度的调控，这种具有热能存储和温度调控功能的物质称为相变材料

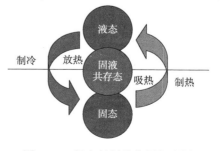

图 1.12　相变材料的作用机理图

（Phase Change Materials，简称 PCMs）。相变材料是近年来国内外在能源利用和材料科学方面开发研究十分活跃的领域，利用其在相变过程中从环境吸收热（冷）量或向环境放出热（冷）量，可以有效地对能源进行利用。

相变材料分为四大种：固-气相变材料、液-气相变材料、固-固相变材料以及固-液相变材料。虽然固态和液态相变材料具有比较高的潜热，但是相变过程中产生的大量气体限制了其在工业方面的广泛应用。与固液相变材料相比而言，固-固相变材料的相变温度一般都比较高，相变潜热却比较小。固-固相变材料也可以具有不漏液、温区可调、热稳定性好、储存密度高等优点。固-液相变材料在发生相变的过程中相变温度和体积的变化幅度不大，相变温度区间的范围宽，相变潜热量大。因此，固-液相转换储热材料被广泛认为是目前应用最广泛的储热材料之一。根据其化学材料中路与组合的不同，固-液相变材料大致可以被划分为两类，即无机相变材料和有机相变材料。

无机类 PCM 主要分别为结晶性水合物盐、熔化性酸碱盐、金属或者合金等。无机相变材料也被人们统称为无机水合物盐，它是一种带有结晶物和水的无机材料，通常以 MnH_2O 来表示。许多无机晶体结晶的水合硅酸盐一般都需要具备较大的相互转变热以及固定高的熔点。其中环氧聚变体导热大多数的规模范围为 $150\sim300J/g$，而且其材料价格低廉，目前常被人们广泛用来作为潜在导热材料贮藏的主要导热材料。最常见的去除方法之一就是水合金属盐，例如，去除碱性稀土盐和金属盐的卤化物、硝酸盐、磷酸盐、碳酸盐和乙酸酯。其中醋酸盐类主要有 $CH_3OONa \cdot 3H_2O$、$CH_3OONa \cdot 2H_2O$、$CH_3OOLi \cdot 2H_2O$ 等；硝酸盐类有 $Mg(NO_3)_2 \cdot 6H_2O$、$Mg(NO_3)_2 \cdot 4H_2O$、$Ca(NO_3)_2 \cdot 4H_2O$、$Zn(NO_3)_2 \cdot 4H_2O$、$Zn(NO_3)_2 \cdot 6H_2O$、$Zn(NO_3)_2 \cdot H_2O$ 等；硫酸盐类有 $Na_2SO_4 \cdot 10H_2O$、$FeSO_4 \cdot 7H_2O$ 等；磷酸盐类有 $Na_2HPO_4 \cdot 12H_2O$、$K_3PO_4 \cdot 7H_2O$、$Na_3PO_4 \cdot 12H_2O$ 等；碳酸盐类有 $Na_2CO_3 \cdot 12H_2O$ 等；卤化物类有 $CaCl_2 \cdot 6H_2O$、$KF \cdot 4H_2O$ 等。

有机质的多种类型 PCM 主要成分是由诸如石蜡、醋酸及其他有机物质所组成。有机 PCM 在大多数情况下都是具有化学稳定性的，具有高热容量、无毒性和腐蚀性。它们在许多相变循环中都没有表现出性能或结构的变化，也没有过冷现象。但是，它们具有低的热导率和宽的熔化温度范围。常见的有机相互逆变蓄热器的材料主要包括高级有机脂肪和烯烃、醇、羧酸和无机盐以及一些有机聚合物。最大优点在于它们的固体导热形态良好，不易出现相互的分离或过冷、过热现象，腐蚀性小，但是也会与有机相容易变的保温蓄热板等材料更加紧密相容。它的整体导热阻力系数与之前的相比更低。

与其他水合硅酸盐材料相比，石蜡具备了理想的快速融化和加热。选取不同硫化碳素的原子量进行计算的天然石蜡，可以直接求出不同演化时期的相位改变潜在温度，相位改变潜在的热大约为 160~270kJ/kg。石蜡作为一种储热相和应变保温材料，主要性能优点包括：保温无过冷、不过热沉淀、性能平衡、无毒、不易直接受到化学腐蚀、价格低廉。缺点主要表现为容器导热凝结系数低、密度少、单位容量体积内的容器蓄热凝结性能差；此外，在相对应变传热过程中，体积从一个液状固态转变成了一个液状，在高温凝结传热过程中体积易于直接脱离传热容器的表层壁面，这就可能会导致使容器传热凝结过程更加复杂。

相变材料是一种利用相变过程实现热能储存和释放的功能材料。有机相变材料具有较高的潜热，低的过冷度和稳定性较好，得到广泛的应用。但它的导热系数小，并且在固-液相变过程中发生泄漏，限制了其应用。目前主要采用制备微胶囊相变材料和形态稳定相变材料来解决这些问题。相变微胶囊是将相变材料包覆在成膜材料中，防止相变材料发生泄漏，提高相变材料的稳定性和使用效率。微胶囊的制备方法主要有原位聚合法、界面聚合法和凝聚法等。形态稳定相变材料是指将相变材料封装在无机或有机多孔介质中，常用的多孔支撑材料如膨胀石墨和膨胀珍珠岩等。

石墨烯具有大的比表面积和优良的导热性能，可作为导热填料制备相变复合材料。研究结果表明，掺加少量石墨烯可提高相变材料的热导率。

相变材料最初是为解决航天上的保温问题而研究出来的，它在使用过程中发挥出优良的成效。现在众多行业都开始进行相变材料的研究，并都取得理想的效果。

（1）航天

人类一直都有着飞出地球的梦想并一直都为此努力着，但普通材料制造的飞船根本无法适应外太空这种极寒或者极热的极端环境。为了应对这一问题，研究人员需要研发性能足够优秀的特殊材料来应对宇航员装备和航天机器等的严格要求，主要是必须确保其安全性。经过科学家们的不懈努力终于发现一种拥有卓越性能的相变材料，并且将之应用于升级这些设备，确保能使宇航员和飞船成功飞离地球并安全返回。经多次实验分析发现利用制备的宇航员专用服装以及飞船舱体的机壳等都表现出超出以往的优秀性能，这项伟大的发现为我国的航天事业提供了非常大的保障，并使航天道路更加安全。由于国外的技术在某些年代确实高于国内且一直处于被垄断的状态，导致我国科学家花费了非常多的时间和精力去掌握其中的核心技术从而避免这项技术一直被国外垄断。值得敬佩的是，从 21 世纪以来，经过我国研究人员的不断努力，我国终于在一定程度上掌握了一些核心技术并积极地将其投入实际应用中。

（2）建筑

相变建筑材料不但具有普通建筑材料的强度和硬度，同时还具备着相变材料储能放热的功能。最早开始此项研究的是美国太阳能公司，至今已有几十年的历史，从最初的只是简单新材料与传统材料之间的复合，到最后转移到相变储能建材的使用寿命和使用稳定性上。他们选取熔化潜热较高的材料与传统材料进行复合，合成的相变建材制造经济成本要低且能取得理想的保温效果，在相变过程中需要保证其可逆性好且不会发生大的膨胀。如今相变材料在建筑领域的研究重点是自动式节能和主动式节能。自动式节能又有相变墙体材料、相变建筑板材、相变建筑涂料和相变混凝土。相变主动式节能包括 PCM 用于蓄冷空调系统，PCM 用于供热系统等等。目前根据国家发展战略安排，坚持可持续发展，研究如何在满足用户舒适度的前提下，持续提高建筑物对能源的有效利用，减少能源的浪费。

（3）服装

目前针对相变材料应用纺织产业最前沿的研究是将稳定适宜相变点的微型纳米储能单元植入面料和纤维中或进行涂层，使其成为含有调温单元的智能双向调温穿戴用品，用这些纤维制作的运动服装或者是内衣都可以具备相应的体温和湿度调控功能，穿戴它们可以促进血液循环。相变调温储能纤维是新型相变材料的智能应用，它的原理就是：当一个人正在进行剧烈运动的时候，这个时候人体会迅速产生比较多的热量，而利用智能相变材料处理过后的纤维能将这些热量迅速储存起来，当人体处于某种静止状态时，相变储能纤维就能把先前储存下的能量缓慢地释放了出来，用于有效保证整个服装内的温度平衡。

（4）其他

相变材料由于其出色的吸热能力、热储存能力、无外部驱动力、无噪声，在为 5G 电子产品和基站选择散热材料方面受到广泛关注。随着 5G 技术的商业应用，基站、手机、平板电脑等移动终端的热调节 PCM 市场进一步开放。此外，储能和电子设备正在向灵活、轻巧、智能和可穿戴方向发展，这需要高机械强度和材料灵活性。聚氧化乙烯（Polyethylene oxide，PEO）也已广泛应用于化学改性 PEO 和聚合物/PEO 混合物中，表现出独特的固体-固体相过渡行为，有望成为高效灵活的热储能材料。传统制冷设备，如空调、冷藏车、冷库，均是采取压缩机制冷技术进行制冷，不仅耗电，而且不环保。采用相变技术，可以替代压缩机进行制冷，节能 60%以上。一旦装备部队，将是相变材料一重大贡献。军车、军人服装、舰船、飞机、坦克、潜艇等军事各个方面，均是相变材料运用的重要领域，可以极大地提高战斗力和防护持久能力。在通信、电力等设备箱（间）降温

26

方面，相变材料可以节省设备成本 75%以上。

1.5.2.2 石墨烯/相变复合材料的制备

（1）熔融共混法

制备复合材料的最简单的方法是熔融浸渍法，该方法包括将相变材料加热到熔融温度以上融化，同时使用超声波和磁/机械搅拌等混合技术将填料分散到相变材料中，然后在室温下冷却结晶。熔融共混法过程相对简单，但复合材料不是简单的混合物，石墨烯在相变材料中分散溶液发生团聚，限制其导热增强效果。

胡娃萍等通过超声等处理将石墨烯加入熔融的聚乙二醇中，制备了石墨烯/聚乙二醇复合相变材料。研究结果表明，当石墨烯的掺量为 4%时，相变复合材料热导率提高 296%，相变焓仅降低 10%。Fang 等将干燥后的石墨烯粉末直接添加到加热熔融的二十烷基体中，未加入任何表面活性剂，通过超声振荡，制得复合相变材料。研究结果表明，当石墨烯添加量为 10%（质量）时，相变复合材料的导热系数增加大于 400%。熔融共混法过程相对简单，但复合材料不是简单的混合物，石墨烯在相变材料中分散溶液发生团聚，限制其导热增强效果。

（2）溶液混合法

不同于熔融共混法，溶液混合法选择合适的分散相，并通过一些物理或化学方法将石墨烯均匀的分散，避免团聚。典型制备过程是，首先将填料分散在基础溶剂中，然后将基体引入溶液中。可以通过超声搅拌进一步分散。但是，它会根据基体的性质和所掺杂的填充材料而有所不同。一旦达到均匀分散，通常通过加热蒸发掉低沸点的溶剂，直到仅残留基体和填料。

对于高黏度流体，真空浸渍通常无法实现在多孔填料中完整而有效的浸渍。而且，用于真空浸渍的工艺参数，如真空度，在操作上没有太大的灵活性，即考虑到经济限制，只能达到一定的最大真空度。可以通过溶液共混方法来解决此问题，该方法可使用低黏度流体作为填充剂和基质材料的基础溶剂，促进真空孔的渗透。因此，溶剂的选择对于在纳米复合材料中实现有效且良好分散的浸渍起着至关重要的作用。理想的溶剂选择除了低沸点和低黏度外，还要对填料和基体都具有很高的溶剂亲和力。低沸点对于直接加热下快速除去基础溶剂至关重要，低黏度有助于渗透到填料孔中。为某些相变材料找到合适的溶剂可能比较麻烦，因为有些 PCM 不易溶于低沸点的溶剂。但是，这可以通过在真空下蒸发来补救，这将降低沸点。溶剂对填料的亲和力对于填料在基体中的均匀分布至关重要，特别是如果填料是非结构化多孔材料，即石墨烯纳米片、膨胀石墨、硅藻土等。

Mehrali 等通过水热法制备氮掺杂三维石墨烯气凝胶，再将其与棕榈酸分散在甲苯中混合，在 130℃将甲苯挥发，干燥后得到相变复合材料。石墨烯掺量为

5%(质量)时，其35℃的导热系数提高500%。Li等以乙醇为溶剂相，将氧化石墨烯分散在溶剂中，加入硬脂酸混合，在80℃将乙醇挥发，得到制备的相变复合材料。相变复合材料的热稳定性提高，当硬脂酸和氧化石墨烯比例为1时，热存储效率为82.4%。朱洪宇等通过水热法制备氮掺杂三维石墨烯气凝胶，再将其与棕榈酸分散在甲苯中混合，在130℃将甲苯挥发，干燥后得到相变复合材料。石墨烯掺量为5%(质量)时，其35℃的导热系数提高500%。

（3）真空浸渍法

真空浸渍法一般用于多孔材料与相变材料的复合，通过抽真空后的毛细管效应将相变材料封装在多孔介质中，使其变为液体后不发生泄漏。

为了将相变材料浸渍到多孔填料(如膨胀珍珠岩、结构化石墨烯、石墨烯纳米片等)中，首先将其暴露于真空，以去除填料试样孔隙和缝隙中的所有空气。一旦实现了充分的脱气，液相基质材料即相变材料便会在真空下(通常是在高温下)引入系统中，使得液相保持较低的黏度。一些研究人员还证明了使用溶剂(例如甲苯、丙酮等，取决于PCM的性质，即无机/有机)来降低PCM的黏度，从而实现有效而快速地渗透去除毛孔，然后进行热处理以去除溶剂。该系统的典型实验设置如图1.13所示。

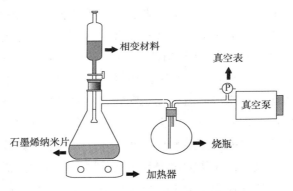

图1.13 真空浸渍过程示例

1.5.2.3 石墨烯对相变材料性能的影响

（1）导热性能

石墨烯具有高的热导率，能够提高相变材料的导热性能。Goli等研究了三种不同类型少层石墨烯对相变材料导热性能的影响。A类石墨烯为单层石墨烯，平均横向尺寸为550nm；B类石墨烯厚度约1nm左右(约3层石墨烯厚)，平均横向尺寸为10μm；C类石墨烯厚度为8nm，平均横向尺寸为550nm。当石墨烯掺量为1%(质量)时，热导率为15W/(m·K)，较石蜡[0.25W/(m·K)]显著提高。

而当少层石墨烯为20%(质量)时，热导率为45W/(m·K)。主要是由于石墨烯和石蜡间热阻少，形成良好的界面耦合。

Fang等研究制备的石墨烯纳米片/十二烷相变复合材料在10~30℃的热导率的变化。当石墨烯纳米片的掺量为10%时，复合材料的热导率增大至原来的4倍。Warzoha等研究发现当石墨烯纳米片掺量为20%(体积)时，石墨烯/石蜡相变复合材料的热导率提高2800%。Li等人发现当石墨烯的掺量为5%时，硬脂酸的热导率由原来的0.26W/mK提高至0.54W/mK，并且明显优于相同掺量的碳纳米管。

虽然石墨烯能够提高相变材料的热导率，但对比其他材料效果并不一定最佳。Shi等研究对比了石墨烯和剥离的石墨纳米片的导热增强效果，结果表明，石墨纳米片对相变材料的导热增强效果好于石墨烯，当石墨纳米片掺量为10%(质量)时，热导率提高10倍。而石墨烯对于相变材料的电导率提高较多。主要是小尺寸的石墨烯由于声波通过范德华力相互作用，耦合效率低，增加了接触热阻，而大尺寸的石墨烯纳米片减少了热接触，形成了导热网络。Yuan等分别将石墨烯纳米片和膨胀石墨与相变材料复合，研究发现虽然膨胀石墨和石墨烯都提高了相变材料的热导率，但膨胀石墨相变复合材料热导率更高。当掺量为8%(质量)时，膨胀石墨相变复合材料的热导率高于石墨烯相变复合材料2.7倍。这是由于高导热填料加入相变材料中后，使其形态发生变化，复合材料的微观结构影响其性能。石墨烯对相变材料的导热增强机理仍需要进一步研究。

（2）相变性能

目前大部分研究认为添加石墨烯后相变复合材料的相变温度变化不大，复合相变材料的相变焓值有所降低。主要是由于石墨烯不具有相变性能，相变材料的份额减少。Mehrali等研究发现纯棕榈酸熔融温度和凝固温度分别为60.2℃和59.51℃，而石墨烯/棕榈酸的相变温度分别为61.16℃和60.2℃，变化不大。纯棕榈酸的熔融焓和凝固焓分别为205.5kJ/kg和209.42kJ/kg，相变复合材料的熔融焓和凝固焓分别为188.98kJ/kg和191.23kJ/kg，相变焓降低。Li等通过溶液法制备了聚乙烯醇/石墨烯相变复合材料。随着石墨烯掺量增加，相变焓值降低。当石墨烯掺量为2%(质量)时，相变焓相对于纯聚乙烯醇降低7.8%。当石墨烯掺量为4%(质量)时，降低12.9%。

但目前有研究发现石墨烯的加入使得相变焓提高。Li等研究发现当石墨烯掺量为3mg时，石墨烯/二十二烷的相变焓较二十二烷(256.1kJ/kg)增加到262.8kJ/kg，主要是由于石墨烯起到成核剂的作用，使复合材料具有较高的结晶性。Ye等通过改进的水热法制备了三维核壳结构石墨烯/石蜡复合相变材料。复合相变材料的熔融焓和固化焓分别为202.2J/g和213J/g，高于石蜡的相变焓。因此，目前石墨烯对相变焓的影响不同，考虑到可能是由于复合材料的内部结构不同，其机理仍需要深入研究。

（3）形态稳定性

相变材料在固液转变过程中容易发生泄漏限制其应用。石墨烯具有高的比表面积可以发生物理吸附，特别是三维石墨烯，其多孔结构起到了封装作用。Li等将制备的氧化石墨烯硬脂酸相变复合材料在高于相变温度（70℃）下加热测试其形态稳定性（图1.14）。结果表明，加热20min后硬脂酸完全变为液态，而在硬脂酸与氧化石墨烯比例为3时，没有发生明显的泄漏，封装效果最好。Yang等将制备的氧化石墨烯/石墨烯复合气凝胶，通过真空浸渍法与聚乙二醇中复合。当氧化石墨烯和石墨烯掺量分别为0.45%（质量）和1.8%（质量）时，在70℃加热时，能保持无任何泄漏。

图1.14　70℃时相变材料封装性能测试图

1.5.3　石墨烯/水泥基复合材料

水泥基复合材料是目前使用量最大的建筑材料。随着对水泥基复合材料性能的要求日益提高，而水泥基复合材料是脆性材料，因此，提高水泥基材料力学性能和耐久性等一直是研究的重点之一。目前，硅灰和粉煤灰等作为掺合料掺入水泥基复合材料中，不仅可节约大量水泥，还可以提高水泥基复合材料的强度和耐久性等。但是并不能从根本上改变水泥水化产物的形状及聚集态，水泥基复合材料的缺陷等问题依然普遍存在。而且在应用中存在着一些问题，例如，硅灰比表面积大，需水量增加，会造成水泥基复合材料的流动性降低，在使用中还需要与外加剂配合使用，给施工带来不便。

近年来，纳米材料的发展为提高水泥基复合材料的性能提供了可能性。目前已有很多文献研究了碳纳米管和石墨烯等碳纳米材料对水泥基复合材料性能的影响。石墨烯是具有优异性能的二维纳米材料。其具有高的强度，杨氏模量达到1.1TPa，断裂强度为125GPa，相当于钢铁的100多倍。研究结果表明，添加少量的碳纳米管和石墨烯会明显提高水泥基复合材料的力学性能。氧化石墨烯是制备石墨烯的前驱体，具有优异的力学性能和良好的分散性。氧化石墨烯的含氧官能团具有不同的反应活性，更易于制备复合材料。添加少量的石墨烯或氧化石墨烯会降低水泥基复合材料的流变性能，同时明显提高水泥基复合材料的力学性能、电学性能和耐久性。

1.5.3.1 石墨烯/水泥基复合材料的流变性能

石墨烯类材料的掺入会降低水泥基复合材料的流变性能，水泥浆体的屈服剪应力提高、黏度增加，这将直接影响其施工性能。Pan 等人研究发现，当氧化石墨烯掺量为 0.05% 时，水泥浆体的流动度降低 42%。Gong 等人研究发现，掺加少量的氧化石墨烯会使水泥浆体的黏度提高。氧化石墨烯的尺寸也会影响水泥浆体的流变性能。主要原因是纳米材料有巨大的比表面积会吸附更多的水，导致水泥颗粒间自由水减少。而且纳米材料易于团聚，也会导致流动度降低。吕生华等研究发现，随着 GO 掺量提高，保持水泥浆体流动度在 200mm 以上所需的聚羧酸减水剂掺量提高。使用萘系减水剂（NS）与 GO 形成纳米插层复合物，保证 GO 在水泥浆体中均匀分布，研究结果表明随着 NS/GO 含量提高至 4.8g/0.06g（每100g 水泥），水泥初始净浆流动度均可达到 200mm 以上，但 60min 后流动度则随着 NS/GO 含量的提高而降低。

1.5.3.2 石墨烯/水泥基复合材料的力学性能

近几年，研究结果表明石墨烯可以提高水泥基复合材料的力学性能，主要是由于石墨烯的改变水化产物的微观结构，从而根本上提高了水泥基材料的抗压强度、抗折强度、韧性等各项力学性能。具体的强度增长效果有所差异，可能与所研究的石墨烯类材料的本质性能有关。

Lv 等通过改进的 Hummers 法和超声分散的方法制备了 GO 分散液，研究了GO 掺入量对水化产物及微观结构的影响。研究结果表明在水泥基复合材料中掺入少量的 GO 分散液后，针状、棒状、柱状等形貌的水化产物改变为规整的花状、多面体状（图 1.15），并进一步交织、贯穿形成均匀、规整、密集的微观结构，且孔结构得到改善，抗压强度和抗折强度显著提高。研究表明，当氧化石墨烯的掺量为 0.03% 时，水泥基复合材料的抗拉强度、抗折强度和抗压强度分别提高 78.6%、60.7% 和 38.9%。主要是由于氧化石墨烯片层在水泥水化过程中起到了模板作用。水泥的水化产物优先在氧化石墨烯表面的活性位点上生长。氧化石墨烯调控水化产物的结构，从而影响水泥浆体的强度。与纳米硅灰等类似，掺加氧化石墨烯会降低水泥基复合材料的流动性和流变性能。

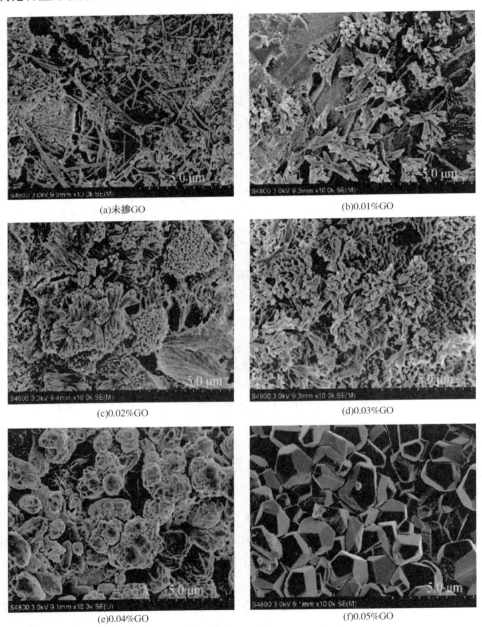

(a)未掺GO

(b)0.01%GO

(c)0.02%GO

(d)0.03%GO

(e)0.04%GO

(f)0.05%GO

图 1.15　28d 时 GO 的掺入量对水化产物及微观结构的影响

Pan 等研究发现，当掺加 0.05% 氧化石墨烯时，使水泥净浆的抗折强度提高了 41%~59%，抗压强度提高了 15%~33%。通过系统表征发现，具有羧酸基团的氧化石墨烯，能够与水泥中的水化产物发生化学反应，促进了水泥的水化作用，生成了更多的水化硅酸钙凝胶，因而增大了浆体的比表面积和更多的凝胶孔。氧化石墨烯能够细化裂缝，阻断裂缝扩展，导致裂缝的分支，不连续裂缝。Alkhateb 等将硝酸处理的功能化石墨烯加入水泥基材料中，研究石墨烯的掺入对力学性能的影响。研究发现，在生成的水化硅酸钙中存在石墨烯，同时高密度的水化硅酸钙含量增多，复合材料整体力学性能得到增强。分子动力学表明，功能化石墨烯的加入提高了界面强度。石墨烯和功能化石墨烯的掺入，能够影响生成物的相组成以及表面韧性，这是石墨烯水泥基复合材料整体韧性和塑性得以提高的原因。

王琴等将 GO 掺加到水泥基材料中，测定了氧化石墨烯对水泥净浆的黏度、凝结时间及水化放热的影响，同时测定了水泥净浆和砂浆的抗压、抗折强度。氧化石墨烯的掺加，能增加水泥浆的黏度，缩短凝结时间，并有效地降低水泥水化放热，当掺量为 0.05% 时，28d 的水泥净浆的抗压、抗折强度分别提高了 40.4%、90.5%（表 1.3）。

表 1.3　石墨烯水泥基复合材料的强度增长

石墨烯的类型	掺量	强度增长率
GO	0.03%	抗拉：78.6%，抗折：60.7%，抗压：38.9%
GO	0.05%	抗折：41%~59%，抗压：15%~33%
GO	0.05%	抗压：40.4%、抗折：90.5%
GO-单壁碳纳米管	1.5%GO+0.5%单壁碳纳米管	抗折：72.7%
石墨烯	1%	抗压：144%、抗折：216%

1.5.3.3　石墨烯/水泥基复合材料的电学性能

刘衡等研究了掺入少量纳米石墨烯水泥基复合材料的电学性能。结果表明，当石墨烯掺量为 0.05%~0.15% 时，水泥基复合材料 28d 的电阻率为 1.3×10^4~$1.6\times10^4\Omega\cdot cm$。由于石墨烯掺量太少，石墨烯在水泥基体中没有形成导电网络，所以导电性能并没有得到明显的改善。但石墨烯水泥基复合材料在循环载荷下，电阻率、应力、应变均呈现有规律的变化，所以可以利用水泥基材料的这种压敏性来实现对水泥基材料的实时监测。

Pang 等将石墨烯纳米片掺入水泥基体中，采用四电极法测量其电阻率，研究表明，石墨烯的逾渗阈值为水泥质量 15%。此外，当石墨烯的掺量超出其逾渗阈值时，则湿度对电阻率的影响较小，这在一定程度上提高了其使用价值。

Sedaghat 等研究发现石墨烯能够提高水泥基复合材料的热扩散系数和电导率。结果表明，石墨烯的存在，增加了水泥的电导率，并随着掺量增大，电导率增加。当石墨烯掺量为 10%（质量）时，电导率增大为 10～2S/m；1% 的石墨烯对水泥石的热扩散并没有任何影响，当掺量为 5% 时，热扩散系数增大，并随着石墨烯的掺量增加而增大。石墨烯能够附着到水化硅酸钙和氢氧化钙表面，填充到水化产物之间的微米级毛细孔中，提高基体密实度，同时，石墨烯改变了钙矾石的形貌，减小了针棒状钙矾石的产生，当石墨烯掺量为 10% 时，几乎没有针棒状的钙矾石生成。石墨烯的掺入，减少了水泥基材料的温度裂缝，提高了基体的温度完整性和结构耐久性。

1.5.3.4 石墨烯/水泥基复合材料的耐久性能

硬化水泥石结构在一定环境条件下长期保持稳定质量和使用功能的性质称为耐久性。在实际工程环境中，常见的耐久性影响因素包括抗渗性、抗冻性、对环境介质的抗蚀性、碱集料反应等。提高水泥基复合材料的耐久性是目前水泥领域的研究重点之一，但目前关于石墨烯增强水泥基复合材料耐久性的报道不多。

Du 等利用萘磺酸系减水剂（SP）将石墨烯有效地分散到水中，研究发现，当掺加 2.5% 石墨烯和 1.25% 减水剂时，水泥砂浆的渗水深度、氯离子扩散系数和氯离子迁移系数分别降低了 64%、70% 和 31%。水泥砂浆孔径结构变化表明，掺加的石墨烯，能够为水化产物的形成提供成核位点，促进水化产物的形成，并且填充孔隙，细化砂浆的孔径结构，形成更加密实的微结构。

Zhou 选用不同等级的石墨烯（GC、GM）和不同等级的氧化石墨烯（GOC、GOM），制备了石墨烯水泥基复合材料。研究发现石墨烯的掺入，不同程度地提高了水泥基材料的抗压强度。C 等级石墨烯和 M 等级氧化石墨烯的掺入，提高了水泥砂浆的抗腐蚀性能，但是含有 M 等级石墨烯的水泥砂浆试块抗腐蚀性能有所下降。含有石墨烯的水泥砂浆试块经过冻融循环后，长度和质量都有所增加，但对比未添加石墨烯的试块均表现出减小的趋势，这可能是由于石墨烯的存在使冻胀压增加，更深入的原因还有待进一步研究。

杜涛将聚羧酸减水剂和氧化石墨烯掺加到水泥基材料中，研究结果表明，掺加 0.5‰ 氧化石墨烯能够减少 28d 龄期水泥石内部的孔洞，同时使得水泥中的凝胶更加均匀和致密，还能降低针状钙矾石的生成，使得水泥石结构变得致密。氧化石墨烯能够提高水泥的力学性能和抗氯离子渗透性，提高水泥基复合材料的抗氯离子渗透性能。

目前，研究结果表明，氧化石墨烯的掺加能够改善水泥的结构，氧化石墨烯和石墨烯的掺加能够显著提高水泥基材料的力学性能，提高其电导率，以及提高抗渗性、抗腐蚀性等耐久性能。但是目前还存在一些问题。比如对于石墨烯在水泥基体中的分散需要进一步研究。石墨烯在水泥基材料中的作用机理尚不明确，还需要做更加全面、更加深入的研究。石墨烯与水泥基体的相容性尚未研究。在考虑石墨烯在水泥基材料中的分散时，还要考虑经过处理后的石墨烯与基体中不同组分的相容性问题，保证各组分之间能够相互促进，实现水泥基材料的良好性能。

1.5.4　其他石墨烯复合材料

随着对石墨烯研究的深入，石墨烯在陶瓷基复合材料中的应用越来越受到关注。传统的陶瓷基复合材料使用碳纤维以及陶瓷晶须等作为增强相，改善其脆性。石墨烯具有优异的力学和物化性能，将其复合到陶瓷基块体复合材料中，对提高材料综合性能有很大的潜力，有希望得到具有某些独特性能的结构-功能一体化陶瓷复合材料。目前的研究表明，石墨烯可显著提高陶瓷块体复合材料的电学性能。同时石墨烯可大幅度提高陶瓷块体复合材料的机械性能，特别是在断裂韧性增强方面效果显著。

石墨烯具有高强度、高导电、高导热等优异性能，制备石墨烯/金属复合材料，将对金属基复合材料的设计和性能提升带来巨大的影响。石墨烯密度小、分散性能差以及与金属基体直接的结合力是制约石墨烯/金属复合材料发展的重要原因。Wang等首次利用片状粉末冶金技术制备含有0.3%(质量)石墨烯增强体的Al基复合材料，其抗拉强度达到249MPa，比纯Al提高62%。Chen等运用两步法制备石墨烯增强ZnO复合材料。当石墨烯掺量为6.7%(质量)时，石墨烯在ZnO基体中部分形成三维网状结构，导致复合材料的比电容提高128%。李晓春课题组利用液态超声结合固态搅拌的方法制备石墨烯纳米颗粒增强镁基复合材料，该材料表现出极高的力学性能和完美的增强效果。

金属纳米粒子/石墨烯复合材料是通过将金属纳米粒子分散在石墨烯片上形成的。目前，研究主要集中在用贵金属等功能性金属纳米粒子修饰石墨烯包括金、银、铂、钯。由于石墨烯具有较高的电子传导率、大的比表面积和良好的热稳定性等特点，因此金属纳米粒子可以很好地负载在石墨烯片基底上。通常情况下，石墨烯可以增强金属纳米粒子的催化活性以及反应活性、疏水性以及静电相互作用两者复合的主要驱动力。

综上可见，石墨烯可以成为复合材料中的功能性组分，制得的各种石墨烯基复合材料具有优异的电学、光学、力学和热学性能，被广泛应用于催化、高强度材料、能量转换与存储、生物技术、生化传感器等领域。

1.6 小结

石墨烯独特的二维晶体结构赋予其众多卓越的理化性能，使得其在高性能电子器件、生物传感器、能量存储和复合材料等领域具有非常美好的发展前景。2004年成功合成石墨烯，不仅在学术界掀起了新一轮的炭材料研究热潮，而且也吸引了工业界的广泛关注。

高品质、可规模化制备且成本低廉的石墨烯原料是进行石墨烯理论研究及工业应用的前提条件。但是，已有的石墨烯制备方法在不同方面都存在诸多不足，如机械剥离法的产率非常低，外延生长法得到的石墨烯厚度不均，化学气相沉积法对设备和环境等条件要求极高，均不能实现石墨烯材料的低成本和规模化制备。氧化还原法作为一种成熟的湿化学反应工艺，以价格低廉的天然石墨为原料，制备过程简便，可以制备出大量石墨烯及其衍生物的悬浮液，被认为是最有可能实现石墨烯的规模化制备的途径之一。尽管如此，氧化还原法同样存在一些问题，其中最关键的是后期还原过程。由于氧化过程在天然石墨片层及其边缘引入了—OH、C—O—C 和—COOH 等化学基团，严重破坏了石墨原有的 sp^2 杂化结构，使得导电等性能极大受损。因此，必须对其进行后期还原处理以恢复原有的共轭结构。

为解决上述问题，包括热还原、光催化还原和电化学还原等一些更加绿色环保的方法不断被提出。尤其是氧化石墨烯的电化学还原方法，既保留了化学法的控制简单、成本低廉以及便于和液相成膜技术相结合等优点，又克服了热还原法对环境和设备要求苛刻、光催化还原法效率低等不足，为石墨烯的低成本和规模化制备提供了新的思路。

由于石墨烯独特的结构和优异的性能，越来越多的研究致力于石墨烯材料在各个领域的应用研究，石墨烯改善复合材料的性能是石墨烯应用领域中的一个非常重要的研究方向，其在能量储存、电子器件、生物材料、传感材料和催化剂载体等领域展现出了优良性能，具有广阔的应用前景。

2

氧化石墨烯的结构、制备与表征

2.1 引言

    石墨烯以其优异的物理和化学性能以及在各种行业中的广泛适用性而引起了越来越多的研究热潮。为了满足工业上不断增长的需求，已经开发了各种方法来生产高质量石墨烯。氧化还原法是目前生产石墨烯材料的主要方法，而氧化石墨烯则被普遍认为是生产制备石墨烯材料的重要前驱体，氧化石墨烯结构中存在大量的含氧官能团。氧化石墨烯具有亲水的氧化区和疏水的未氧化区。这种特殊结构使得氧化石墨烯具有表面活性。氧化石墨烯可作为表面活性剂使用，能够分散疏水性碳材料。此外，氧化石墨烯的表面活性使氧化石墨烯在自组装过程中显示出多功能性。氧化石墨烯在不同界面可自组装成不同的纳米结构。氧化石墨烯的自组装技术为可控制备石墨烯基功能材料提供有效途径。氧化石墨烯及其复合材料的应用十分广泛，它们不但可以作为各种阻燃材料的载体，还可以作为各种耐磨材料的载体。氧化石墨烯表面上的含氧基团赋予了氧化石墨烯表面较高的活性，使其能够与有机基材进行更好地融合，从而制造出许多性能优良的多功能复合材料。氧化石墨烯表面含氧基团的品种和数量，也会直接影响氧化石墨烯复合材料的各种性能。此外，氧化石墨烯还可以通过化学键使其功能化，通过静电相互作用、范德华力和氢键等方式实现与其他材料的复合，并拼装成大规模的石墨烯结构。氧化石墨烯及其衍生物的这些独有的特性已用于电化学储能、海水淡化、制备透明导电膜、印刷电子产品、传感器和聚合物复合材料的制造等领域。本书采用改进的 Hummers 法和超声剥离法制备氧化石墨烯。通过多种表征测试对氧化石墨烯进行分析，并研究氧化石墨烯的表面活性。

2.2 氧化石墨烯的结构与性质

2.2.1 氧化石墨烯的结构

氧化石墨烯是氧化石墨剥离后的产物，化学结构与氧化石墨相同。单层氧化石墨烯的厚度仅为 1~1.4nm，比单层石墨烯的厚度(0.34nm)要厚。厚度的增加主要是由于氧化石墨烯表面有含氧官能团和吸附的水分子。目前，对于氧化石墨烯的准确结构仍存在争议。氧化石墨烯中存在羟基、羧基和环氧基等含氧官能团。但这些化学基团的种类、数量及分布至今尚未完全确定，因而关于氧化石墨烯的精确结构还未形成定论。

尽管如此，研究人员依据测试结果提出了一些氧化石墨的结构模型，在不同程度上解释了氧化石墨的结构，主要包括：Hoffman 模型、Ruess 模型和 Lerf-Klinowski模型。Hoffman 模型认为氧化石墨中仅含有 C 和 O 两种元素，其中 O 原子以环氧基的形式分布于氧化石墨片层的整个碳骨架上。氧化石墨的理想的化学分子式为 CO_2。Ruess 对 Hoffman 模型进行了改进，认为氧化石墨的片层平面上存在着羟基和环氧基，而片层的边缘处存在羧基。这一结构模型解释了氧化石墨中含有 H 元素及其呈弱酸性的问题。Anton Lerf 和 Jacek Klinowski 认为氧化石墨的结构由氧化区域和未氧化的 sp^2 区域两部分组成，二者随机分布。氧化石墨的氧化程度与两者的相对大小有关。如图 2.1 所示，O 原子和 H 原子以含氧官能团的形式分布在碳网骨架的表面和边缘处。环氧基和羟基主要分布在表面，而羰基和羧基分布于边缘处。氧化石墨的碳骨架基本平坦，但由于氧化区域羟基的存在出现轻微褶皱。该模型能较好地解释氧化石墨烯的大多数性质，因而被广泛认可和引用。尽管对于氧化石墨的结构仍存有争议，但对氧化石墨中片层表面和边缘处存在多种含氧基团已达成共识。

对纳米碳管、碳纤维等材料氧化和酸化处理工艺的研究已经做了多年，酸化和氧化工艺后会产生很多的氧化残片(Oxidation Debris，OD)，会极大地影响炭材料的性能。Rourke 等人将氧化石墨烯样品在碱性溶液中加热回流，分离得到氧化残片，并分析和测量氧化残片质量。氧化残片质量竟达到了氧化石墨烯样品质量的 1/3。因此，Rourke 等人提出了二组分结构模型(图 2.2)。该模型认为氧化石墨烯由两种组分组成，成分之一是高度氧化的 OD 片段，另一个是结构相对完整、氧化程度较低的氧化石墨烯片，称为 bwGO(Base Washed GO)。氧化残片的主要特征之一是其性质类似于富里酸或腐殖酸，它在酸性和中性介质中强烈地吸附在 bwGO 表面，但在碱性介质中可与 bwGO 分离。

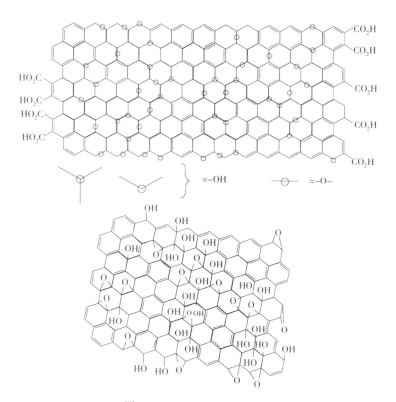

图 2.1 Lerf-Klinowski 模型

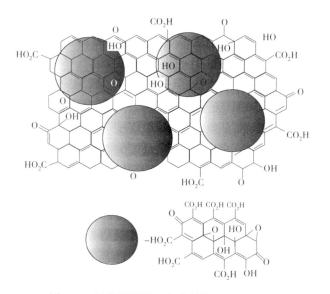

图 2.2 氧化石墨烯二组分结构模型示意图

氧化石墨烯具有与氧化石墨相同的化学结构。因此 Lerf–Klinowski 模型可用于解释氧化石墨烯的结构。氧化石墨烯的结构中存在氧化区域和未氧化的 sp² 区域，这些区域随机分布。环氧基和羟基分布于碳网骨架的表面，而羧基分布于边缘。Pandey 等人研究了氧化石墨烯内的氧化区域，观测到氧原子呈矩形排列，说明环氧基以条状的形式存在。依据密度泛函原理，环氧基的这种排列方式极其有利。

2.2.2 氧化石墨烯的性质

与石墨烯相比，氧化石墨烯具有良好的分散性。这主要是由于氧化石墨烯表面存在着含氧官能团，减弱了石墨烯间的范德华力，并且与溶剂分子间存在溶剂化作用。氧化石墨烯在溶剂中具有良好分散性。

氧化石墨烯的含氧基团具有反应活性，可以与某些化学基团发生反应，从而实现对氧化石墨烯的剪裁。此外，含氧官能团的存在也为与其他材料的复合提供表面活性位置，加强了界面结合力，有利于氧化石墨烯与纳米颗粒和高分子聚合物等材料复合。氧化石墨烯作为合成石墨烯基复合材料的前驱物，具有易功能化与可控性高等优点。

氧化石墨烯具有亲水的氧化区和憎水的未氧化区，因此其可作为一种二维表面活性剂使用。它的两亲性与边缘处的羧基的电解程度和溶液的 pH 值有关。如图 2.3 所示，氧化石墨烯的两亲性取决于溶液 pH 值、氧化石墨烯尺寸和还原程度。溶液的 pH 值增大，氧化石墨烯的电荷密度增大。在碱性环境下，氧化石墨烯的羧基电离增多，电荷密度增加，氧化石墨烯的亲水性增加。相反，在酸性环境下，氧化石墨烯的羧基电离减少，电荷密度减小，氧化石墨烯疏水性增加。氧化石墨烯的亲水区与憎水区的比例与氧化石墨烯的尺寸有关。如图 2.3(b) 所示，氧化石墨烯的尺寸越小，亲水区与憎水区的比例越大，因而电荷密度越大，亲水性越好。氧化石墨烯亲水区和憎水区的比例还可以通过氧化石墨烯的还原程度进行调节。经过还原处理，氧化石墨烯的含氧官能团减少，疏水性增加。氧化石墨烯作为表面活性剂，可用于分散石墨烯和碳纳米管等。碳纳米管等通过 π—π 键的作用黏附于氧化石墨烯片层上，使其可稳定分散于水中。利用氧化石墨烯的表面活性可以制备一种新的全碳复合材料，应用于光伏和储能领域。

此外，氧化石墨烯具有各相异性，表现出液晶特性，因此可以看作是一种二维液晶分子。综上所述，氧化石墨烯具有多面性，是一种具有广泛应用潜力的柔性二维纳米材料。

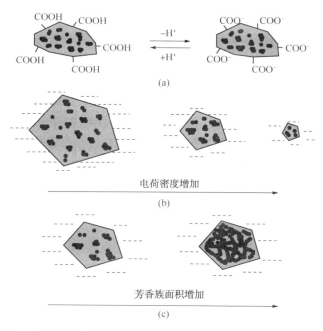

图 2.3　氧化石墨烯的两亲性与 pH(a)、氧化石墨烯尺寸(b)及还原程度(c)的关系示意图

2.3　氧化石墨烯的制备

氧化石墨烯的制备主要包括石墨的氧化和氧化石墨的剥离。

2.3.1　石墨的氧化

石墨的氧化方法主要有 Brodie、Staudenmaier 和 Hummers 三种方法。氧化石墨的制备原理基本类似，使用氧化剂作氧化处理用以扩大其层间距制备氧化石墨。一般会用到的氧化剂比如 HNO_3、$KMnO_4$、$NaNO_3$ 等。

1859 年，Brodie 等人通过将天然石墨与浓硝酸和氯酸钾混合，经氧化处理后得到可分散于水但不能分散于酸的产物。氧化产物是由碳、氢和氧三种元素组成。随着氧化次数的增加，含氧量增加。但是在四次反应后，氧化产物的含氧量达到极限（C : H : O = 61.04 : 1.85 : 37.11）。随后，L. Staudenmaier 改善了 Brodie 的方法，加入氯酸盐和浓硫酸简化了氧化过程。单次反应产物的含氧量与 Brodie 法多次氧化的氧化产物的含氧量相近（C : O = 2 : 1）。1958 年，Hummers 和 Offeman 通过将高锰酸钾、浓硫酸和石墨混合处理得到了氧化石墨。另外，反应时间越长，石墨层与层之间的距离会越来越大，因此含氧基团也会增多，这样

41

会使得石墨氧化程度越来越大，这种方法在氧化的过程中也有有毒气体，在实验结束后必须进行处理，提高了制备石墨烯的成本。相比于其他两种方法，Hummers 法具有操作简单和产物的氧化程度高等优点。1958 年，Hummers 将浓 H_2SO_4 和浓 HNO_3 作为强酸环境，同时以 $KMnO_4$ 为氧化剂形成强氧化环境，并将氧化阶段分为三个：4℃以下、35℃左右、98℃以下，即加热在低温、中温、高温三种环境进行不同程度的氧化，$KMnO_4$ 和浓 HNO_3 的组合得到了氧化程度更高、结构更为完整、更疏水性的氧化石墨。这种方法优点是没有使用高腐蚀性的发烟硝酸，并且用 $KMnO_4$ 代替 $KClO_3$，使得制备过程更加安全环保。至今尽管也有一些新的石墨氧化方法不断提出，但多数是对上述三种方法的改进。氧化石墨的氧化程度和可剥离程度与氧化过程中强氧化剂的浓度和氧化时间的选择有关。

目前，改进的 Hummers 是最常用的石墨氧化方法。所有这些方法都涉及在酸性介质中存在强氧化剂的情况下氧化石墨。在 Hummers 的方法中，使用 $KMnO_4$ 和 $NaNO_3$ 在浓 H_2SO_4 中将石墨氧化以形成氧化石墨。Kovtyukhova 等改进了 Hummers 法，在 H_2SO_4 中用 $K_2S_2O_8$ 和 P_2O_5 预氧化石墨。Marcano 等人通过使用 $KMnO_4$ 与浓硫酸和 H_3PO_4 的 9：1 比例混合物来合成氧化石墨。石墨氧化的程度通常由 C/O 原子比量化，氧化程度与反应条件和石墨前驱体有关。徐等人发现通过在氧化期间将 $KMnO_4$ 的比例从 3：1（Hummers 方法）降低至 1：1，可以产生温和氧化的氧化石墨烯。表 2.1 为目前用于合成氧化石墨的 Hummers 方法。

表 2.1 用于合成氧化石墨的 Hummers 及其改进方法

合成方法	石墨尺寸	氧化剂	$KMnO_4$ 与石墨的重量比	反应时间（氧化）/h	C/O 比
Hummers 法	~150μm	$NaNO_3$，$KMnO_4$，H_2SO_4	3：1	~2	不可用
Hummers 法	~30μm	$NaNO_3$，$KMnO_4$，H_2SO_4	3：1	~5	2.33
Hummers 法	~44μm	$NaNO_3$，$KMnO_4$，H_2SO_4	3：1	~4	2.10
Hummers 法	~150μm	$NaNO_3$，$KMnO_4$，H_2SO_4	3：1	~1	不可用
Hummers 法	<1mm	$NaNO_3$，$KMnO_4$，H_2SO_4	3：1	~2	2.30
Hummers 法	30μm	$NaNO_3$，$KMnO_4$，H_2SO_4	3：1	~2	2.70
改进 Hummers 法	74μm	预氧化：$K_2S_2O_8$，P_2O_5，H_2SO_4	3：1	~6h 预氧化+~2.5h 氧化	1.26
改进 Hummers 法	320 目	$NaNO_3$，$KMnO_4$，H_2SO_4	1：1	~2	3.1
改进 Hummers 法	500μm	H_2SO_4，H_3PO_4，$KMnO_4$	9：1	~12	不可用
改进 Hummers 法	30μm	$NaNO_3$，$KMnO_4$，H_2SO_4	3.5：1	~2	~2.8
改进 Hummers 法	30μm	$NaNO_3$，$KMnO_4$，H_2SO_4	3.4：1	~6h 预氧化+~2.5h 氧化	~1.7

2.3.2　氧化石墨的剥离

氧化石墨的剥离一般采用超声剥离法。将氧化石墨悬浮液在超声波中进行处理。由于其剥离程度较高，所以超声剥离法是目前广泛使用的方法。氧化石墨烯片层的厚度和尺寸可以通过超声功率及超声时间进行控制。除超声剥离法外，还可通过热剥离和电化学剥离等对氧化石墨进行处理。

2.3.2.1　超声剥离法

超声剥离法是将氧化石墨溶液放置在超声仪器中作用一定时间的一种方法。其原理如图 2.4 所示，在超声仪器中由超声波发生器发出的高频振荡信号，通过换能器转换成高频机械振荡而在氧化石墨溶液中传播，超声波在溶液中疏密相间地向前辐射，使液体流动而产生数以万计的直径为数微米的微小气泡，存在于液体中的微小气泡在声场的作用下振动。这些气泡在超声波纵向传播的负压区形成、生长，而在正压区，当声压达到一定值时，气泡迅速增大，然后突然闭合。并在气泡闭合时产生冲击波，在其周围产生上千个大气压，局部热点温度可以达到 5000℃，连续不断的气泡冲击波产生的高压和高温就像一连串小"炸弹"不断地冲击溶液中的氧化石墨颗粒，使氧化石墨颗粒各片层迅速剥落。由于在超声剥离中不发生任何化学变化，氧化石墨的剥离程度相对较高，而且氧化石墨烯的尺寸也可以通过调节超声功率的大小及超声时间的长短进行控制。所以超声剥离法是目前应用最广泛的一种方法。

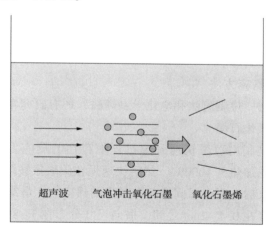

图 2.4　超声波剥离氧化石墨机理示意图

Bunnel 是利用超声波剥离氧化石墨片的第一人，他利用强质子酸氧化插层石墨，再在 600℃ 热解条件下迅速热剥离，然后用超声波处理以鱼油为表面活性剂的氧化石墨悬浮液 5min，得到了厚度在 100nm 以上氧化石墨。此后研究报道都成功地利用超声法使分散在各种有机溶剂里的氧化石墨颗粒发生剥离。

2.3.2.2 电化学剥离法

电化学剥离法是一种以电化学反应为基础的剥离方法。在电解液中，如果以石墨棒为电极，通电后溶液中的离子会对石墨棒进行氧化插层，最终实现氧化石墨片层的剥离和脱落。Liu 等通过电化学法剥离石墨棒制备石墨烯。他们将两个高纯石墨棒平行插入含有离子液体的水溶液中，控制电压在 10～20V，30min 后阳极石墨棒被腐蚀，离子液体中的阳离子在阴极被还原成自由基，与石墨烯中的 π 电子结合，形成功能化的石墨烯片，最后用无水乙醇洗涤电解槽中的黑色沉淀物，60℃下干燥 2h 即可得到石墨烯。与氧化石墨相比，采用电化学法剥离石墨棒，然后再超声得到的功能化石墨烯，不溶于水溶液中，但能溶于有机溶剂中，如乙二醇、二甲基甲酰胺（DMF）、N,N-二甲基甲酰胺（NMP）和四氢呋喃（THF）中。Su 等将 Pt 电极和高纯石墨电极插入离子液体（H_2SO_4 或 H_2SO_4/KOH）中，不断变化电压大小和方向，石墨电极膨胀，然后剥离成石墨烯片。

2.3.2.3 热解膨胀剥离法

热解膨胀剥离法的原理是通过快速加热使氧化石墨片层表面环氧基和羟基分解生成 CO_2 和水蒸气，当气体的生成速率大于其释放速率时，产生的层间压力破坏石墨烯层间的范德华力，从而使氧化石墨膨胀并发生剥离。和超声剥离法相比，热解膨胀剥离法剥离时间短（可以在 1s 之内完成），其固态剥离产物无须干燥就可以应用到电极和锂离子电池中，剥离过程中同时伴随还原的发生这样可以直接得到还原后的石墨烯。热解膨胀剥离法又分两种：一种是高温常压热剥离；另一种是低温真空热剥离。

2.3.2.4 其他剥离方法

除了超声剥离法，热剥离法和电化学剥离法，还有研究者使用热淬火法和超临界流体法来剥离氧化石墨。

热淬火法，就是利用石墨快速升温过程中存在的热应力来剥离石墨。Tang 等将高定向热解石墨加热到 1000℃，然后快速地在碳酸氢铵溶液中淬火，使石墨降到室温。由于淬火后，石墨层间残留有较大的热应力，最终将高定向热解石墨剥离成石墨烯，厚度在 0.4～2nm 之间，横向尺寸分布在 1～80μm 之间。

超临界流体法，就是采用超临界流体对石墨插层。因为超临界流体的黏度和扩散系数接近气体，它可以像气体一样，在石墨层间穿梭、移动，使石墨层与层之间的距离增大，最终石墨膨胀并剥离。Rangappa 等将氧化石墨分别溶解在二甲基甲酰胺（DMF）、N,N-二甲基甲酰胺（NMP）、乙醇等有机溶剂中，并辅以极短时间的超声，结果表明所有产物都在 10 层以下，其中单层氧化石墨烯的含量达到 10%。

2.3.3 氧化石墨烯试样的制备

采用改进的 Hummers 法制备氧化石墨，其具体制备过程如下：

低温反应阶段：

（1）将 120mL 的浓硫酸加入烧杯中进行冰浴。烧杯中浓硫酸温度降到 0℃后，加入 5g 鳞片石墨，充分搅拌 30min。此过程中控制温度小于 5℃。

（2）将 0.75g 的高锰酸钾加入烧杯中，充分搅拌 30min，控制温度不超过 5℃。

（3）将 7.5g 的高锰酸钾加入烧杯中，充分搅拌 30min。再次加入 7.5g 的高锰酸钾，搅拌 30min，控制温度不超过 5℃。

中温反应阶段：

将烧杯置于 35℃的恒温水浴中，充分搅拌 2h。

高温反应阶段：

（1）中温反应结束后，向深褐色的混合液中缓慢和均匀地滴入 225mL 去离子水，然后将反应体系置于 95℃的恒温水浴内反应 30min。

（2）将反应混合液取出，加入 150mL 配制好的 H_2O_2 溶液（浓度为 3.5%），搅拌反应 15min，即得到亮黄色的氧化石墨悬浮液。

（3）将悬浮液过滤，用 3%的稀盐酸及去离子水进行充分酸洗和水洗。将过滤后的产物在 45℃下真空干燥 24h，得到氧化石墨。

将干燥的氧化石墨与去离子水按一定的质量比进行混合，通过磁力搅拌器搅拌 30min，得到黄褐色氧化石墨分散液。将氧化石墨分散液置于超声波清洗机（500W，30kHz）中，进行 120min 的超声剥离，得到充分剥离的氧化石墨烯分散液。

2.4 氧化石墨烯的表征

2.4.1 氧化石墨烯的形貌表征

2.4.1.1 原子力显微镜(Atomic Force Microscopy，AFM)表征

由于石墨烯具有超薄的厚度，因此 AFM 被认为是对其形貌表征的最有力技术之一。AFM 利用原子探针慢慢靠近或接触被测样品表面，当距离减小到一定

程度以后原子间的作用力将迅速上升。因此，由显微探针受力的大小就可以直接换算出样品表面的高度，从而获得样品表面形貌的信息。石墨经过氧化后，层间距会增大，在 0.77nm 左右。剥离后的氧化石墨烯吸附在云母片等基底上，会增加 0.35nm 左右的附加层，所以单层氧化石墨烯在 AFM 下观测到的厚度一般在 0.7~1.2nm 左右。

将氧化石墨稀沉积在云母片上，图 2.5 为超声剥离得到的氧化石墨烯的 AFM 图。图中的高度剖面图（ΔZ）对应着图中两点（Z_1、Z_2）的高度差即石墨烯的厚度，同时若将直线上测量点选择在石墨烯片层的两端，还可以粗略测量石墨烯片层的横向尺寸。由图可以看出，氧化石墨烯的横向尺寸多分在微米级（1~2μm），其厚度在 1.1nm 左右，说明氧化石墨烯为单层二维结构。

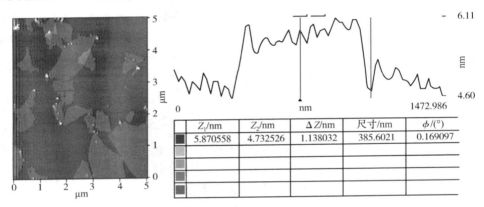

	Z_1/nm	Z_2/nm	ΔZ/nm	尺寸/nm	ϕ/(°)
■	5.870558	4.732526	1.138032	385.6021	0.169097

图 2.5　氧化石墨烯的 AFM 表征图

2.4.1.2　TEM 表征

随着溶胶法制备石墨烯膜的出现，以及无支撑石墨烯膜器件特性的改善，TEM 近来成了悬浮状石墨烯结构表征的有力工具。采用透射电镜，透射电子显微镜图像氧化石墨烯悬浮在透射电子显微镜多孔碳网格。这种透射电子显微镜的氧化石墨烯显微照片显示出超薄丝绸的面纱形态，其边缘滚动和折叠，归因于其内在性质。此外，可以借助石墨烯边缘或褶皱处的电子显微像来估计石墨烯片的层数和尺寸，这种方式虽然简便快速，但是只能用来估算，无法对石墨烯的层数给予精确判断。若结合电子衍射则可对石墨烯的层数作出比较准确的判断。

图 2.6 为氧化石墨烯的 TEM 图。如图所示，氧化石墨烯片层呈现薄纱一样的结构。氧化石墨烯片层近乎透明，具有明显的片层边界和褶皱，说明氧化石墨烯厚度很小，但有些单层片层的叠加。与上述 AFM 表征相互印证，说明氧化石墨烯为单层的二维片层。

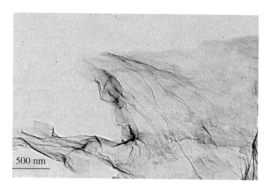

图 2.6　氧化石墨烯的 TEM 图

2.4.2　氧化石墨烯的氧化程度表征

2.4.2.1　X 射线衍射(X-ray diffraction，XRD)表征

XRD 表征分析可以精准地测出样品晶体晶格的参数变化。将将激光照射到样品晶格上得到的衍射峰偏转角度，代入到布拉格方程中后，就可以快速得到晶体晶格的一些参数。以此作为根据，可以得到并比较石墨烯和氧化石墨烯片层间的晶面间距。因为 X 射线衍射分析可以测出晶体的结构和晶格尺寸。在研究层间距离和石墨烯氧化物的石墨晶体结构时，氧化石墨的 X 射线衍射图案可以用做参考。通常，具有石墨结构的原始石墨的 X 射线衍射图案在约 26°处 $2h$ 处显示出强烈且尖锐的峰，对应于 0.334nm 的层间距。然而，在原始石墨的 X 射线衍射图中观察到的尖锐衍射峰在氧化时完全消失，并且在约 10.6°~11.0°、在 $2h$ 出现新的衍射峰，对应于 0.80~0.83nm 的层间距。氧化石墨烯的层间距的变化是石墨上氧化程度变化的结果。根据 Marcano 等人的说法，氧化石墨烯的层间距与氧化程度成正比。石墨的成功氧化意味着石墨中典型石墨结构的损失，因为在碳基面上引入了氧官能团。除了在大约 9~11°、$2h$ 处的特征性尖锐衍射峰外，一些研究人员表明，轻度氧化的氧化石墨烯在 $2h = 26$°或接近于原始石墨 $2h = 26$°时表现出另一个弱峰。该弱峰归因于温和氧化的氧化石墨烯中的残余石墨结构域。

图 2.7 是石墨和氧化石墨烯的 XRD 谱图。可以看出，石墨仅在 2θ 约为 26°处存在一个尖锐且高强的特征峰，为石墨(002)晶面的衍射吸收峰，其晶面间距为 3.36Å。而氧化石墨烯在 2θ 约为 26°处的特征峰消失不见，与此同时，在 2θ 约为 10.4°产生了一个新的衍射峰，其晶面间距增大至 8.18Å，且峰强明显减弱。说明含氧基团被成功引入至石墨的碳原子平面上，晶面间距增大，无序度增加。

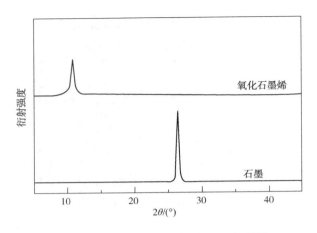

图 2.7　石墨与氧化石墨烯的 XRD 衍射图

2.4.2.2　拉曼光谱表征

拉曼(Raman)光谱是最常用、快速、非破坏性和高分辨率表征碳材料的技术之一。在对石墨烯进行表征的时候,拉曼图谱中所形成波峰的形状、位置和强度等特征都会随着石墨烯层数的增加,发生相应变化。根据这些变化,则可以对石墨烯层数进行初步的判断。

石墨烯的拉曼光谱图上一般会形成三个主要峰型,分别是 D 峰、G 峰和 2D 峰(倍频峰)。其中, D 峰一般形成于 $1350cm^{-1}$($1300 \sim 1400cm^{-1}$)附近,这是因为石墨烯结构中芳香环的 sp^2 碳原子的对称伸缩振动(径向呼吸)所引起的,因为这需要一个缺陷才能激活,所以 D 峰的强度一般用来衡量样品结构的有序程度。而 G 峰主要形成于 $1580cm^{-1}$($1560 \sim 1620cm^{-1}$)附近,这是由于 sp^2 碳原子间的拉伸振动而引发的。2D 峰则形成于 $2680cm^{-1}$($2660 \sim 2700cm^{-1}$)附近,其由碳原子中两个具有反向动量的声子双共振跃迁而引起的,此特征峰的移动和形状则与石墨烯层数有着密切的关联。2D 峰的宽度与石墨烯层数成正比,而其强度与石墨烯层数成反比。而多层石墨烯($n>5$)的 2D 峰整体形貌则非常相似于石墨的 2D 峰形貌,一般难以区分。

通常可以利用拉曼光谱图中 2D 峰的半高宽和 G/2D 峰的强度之比精确石墨烯的层数。当石墨烯光谱图中 2D 峰的半高宽约 $30cm^{-1}$ 且 G/2D 峰的强度之比 <0.7 时,则判断此石墨烯样品为单层结构;当 2D 峰的半高宽约 $50cm^{-1}$ 且 G/2D 的强度之比在 0.7~1.0 之间时,则判断其为双层结构;当 G/2D 的强度之比>1.0 时,则判断其为多层结构。拉曼光谱可以用来检测单层、双层和少于 5 层的石墨烯,而对于 5 层以上的石墨烯的检测存在困难。

利用 D 峰、G 峰的位置和峰强的变化还可以推断氧化石墨烯的还原情况以及石墨烯的缺陷密度。氧化石墨烯经过电化学还原后 D 峰和 G 峰会红移。氧化石墨烯的 G 峰比 D 峰强，还原之后 D 峰比 G 强，这可能是由于还原后缺陷浓度增加。

如图 2.8 所示，石墨出现了这三个特征峰：G 峰、D 峰及 2D 峰。位于 1580cm^{-1} 处的 G 峰为 C—C 间伸缩振动产生的 E$_{2g}$ 振动，位于 1350cm^{-1} 处的 D 峰为 sp^3 状态的碳原子的振动，而 2700cm^{-1} 处的 2D 峰则是区域边界声子的二级拉曼散射。G 峰强度（I_G）与 D 峰强度（I_D）的相对强度反映结构的共轭区域的变化。相比于石墨，氧化石墨烯的 D 峰强度明显增强，2D 峰变得宽化且微弱，说明氧化石墨的 sp^2 共轭结构被破坏。

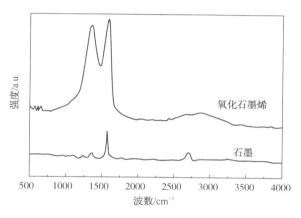

图 2.8　石墨与氧化石墨烯的 Raman 图

2.4.2.3　X 射线光电子能谱表征

X 射线光电子能谱（XPS）可以用于石墨烯及其衍生物或复合材料中化学结构和化学组分的定性及定量研究。GO 在 C1s 谱图上主要有四种结合能的特征信号峰：碳碳双键和单键（C＝C/C—C）、环氧基和烷氧基（C—O）、羰基（C＝O）和羧基（COOH）。通常以 O/C 比来反映石墨的氧化程度和氧化石墨的还原程度，采用化学还原后 O/C 的理论比例（6.25%）通常要比实验结果（7.09%）高。

如图 2.9 所示，氧化石墨烯在 C1s 谱图上主要有四种结合能的特征信号：COOH（289.0eV）、C—O（286.3eV）和 C＝C（284.3eV）。说明氧化石墨烯中存在这些含氧官能团。除对氧化石墨烯的含氧官能团进行定性分析外，也可对其碳氧含量进行了定量分析。碳氧含量的比值常用来衡量氧化石墨烯的氧化程度。比值越小含氧量越高，氧化程度越高。计算得到的产物 C∶O 约为 2.5∶1，说明氧化石墨烯得到了充分的氧化。

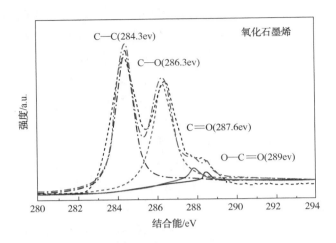

图 2.9 氧化石墨烯的 XPS C1s 谱图

2.4.2.4 红外光谱表征

红外光谱在石墨烯研究中，主要用来表征石墨烯及其衍生物或复合材料的化学结构，基于此来监测或调控此类材料的制备过程和化学结构。可用于补充拉曼光谱，以确定氧化石墨烯和石墨烯中氧官能团和键合配置的类型。在通过 Hummers 法制备的氧化石墨烯的 IR 光谱中，主要的特征吸收信号包括在约 3400cm^{-1} 处的宽且强烈的峰，归因于羧基的 O—H 伸展，在约 1720~1740cm^{-1} 处的强峰为羰基和/或羧基的 C≡O 伸展，在约 1590~1620cm^{-1} 处的弱峰对应于未氧化的石墨域的 C≡C 骨架振动和约 1100 的强峰归因于烷氧基 C—O 伸缩振动。此外，一些研究报道了一种归因于环氧 C—O 拉伸的吸收峰。这与 Lerf 等人的观点一致，模型中环氧化物存在于氧化石墨烯的基面中。然而，峰值位置对应于环氧 C—O 伸缩振动在不同研究中变化很大。然而一些报道发现，环氧 C—O 拉伸振动峰出现在 1242cm^{-1} 或 1366cm^{-1} 处。环氧 C—O 拉伸的峰值位置的巨大差异可能是不同合成环境的结果。此外，一些研究报道了紧接在 3000cm^{-1} 以下的吸收峰，这归因于—CH$_2$ 组的 C—H 不对称和对称伸展振动。

图 2.10 是氧化石墨烯的红外（FT-IR）谱图。可以看出氧化石墨烯谱图中存在多个特征峰。在 3397cm^{-1} 和 1396cm^{-1} 处出现 O-H 的振动吸收峰和变形吸收峰，1720cm^{-1} 处出现 C≡O 的伸缩振动吸收峰，1226cm^{-1} 处出现 C—O—C 的伸缩振动峰，1043cm^{-1} 处出现 C—O 的伸缩振动峰。图中显著的红外吸收峰说明了氧化石墨烯具有上述含氧官能团。

50

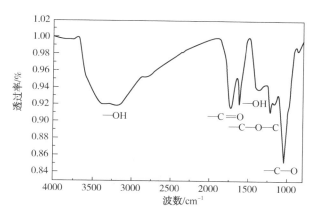

图 2.10 氧化石墨烯的 FT-IR 谱图

2.4.3 氧化石墨烯的表面活性

通过上述表征看出,氧化石墨烯片层具有含氧官能团,但也存在着未氧化区域,因而其片层表面具有亲水区和疏水区。氧化石墨烯在水溶液中,羧基会发生电离。因此类似于离子表面活性剂,氧化石墨烯的表面活性可通过 pH 值进行调控。

图 2.11 是不同 pH 值下的氧化石墨烯的 Zeta 电位图。从图中可以看出,随着 pH 的增加,Zeta 电位增加,氧化石墨烯片层的电荷密度增加,溶液稳定性增加。主要是由于高的 pH 值下氧化石墨烯的羧基电离增加,亲水性也增加,导致氧化石墨烯悬浮液稳定性增加。相反,溶液的 pH 降低,羧基电离减少,电荷密度减少,使得氧化石墨烯疏水性增加,悬浮液稳定性降低。

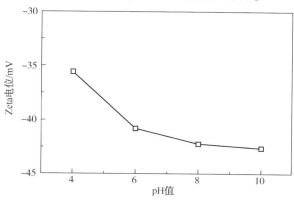

图 2.11 不同 pH 值下的氧化石墨烯的 Zeta 电位

氧化石墨烯可以作为分散剂使用。如图 2.12 所示，静置 24h 后，碳纳米管在水溶液中沉淀，而碳纳米管/氧化石墨烯分散液仍稳定分散。这主要由于碳纳米管通过 π-π 作用黏附在氧化石墨烯的疏水未氧化 sp^2 区。图 2.13 是超声分散后的碳纳米管/氧化石墨烯的 SEM 图。从图中可以看出，碳纳米管均匀分散在氧化石墨烯片层上，碳纳米管未发生团聚，说明碳纳米管黏附于氧化石墨烯片层上，实现了碳纳米管的分散。

图 2.12　超声分散后的碳纳米管水分散液和碳纳米管/氧化石墨烯分散液的光学照片

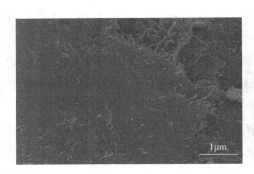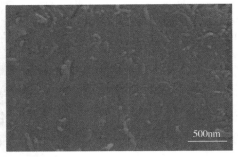

图 2.13　超声分散后碳纳米管/氧化石墨烯的 SEM 图

不同于其他分散剂，氧化石墨烯并不是在碳纳米管表面进行包覆，因此氧化石墨烯的加入不会影响碳纳米管的导电性。由于氧化石墨烯独特的两亲性结构，氧化石墨烯也能够分散其他 π 共轭材料，如石墨和聚苯胺粉末等。

由于氧化石墨烯具有表面活性，氧化石墨烯能够作为胶体表面活性剂，也就是 Pickering 乳化剂，在油-水界面进行组装，从而能在水溶液中分散有机溶剂。图 2.14 为氧化石墨烯与不同油相混合形成的乳液的光学照片。从图中可以看出氧化石墨烯在石蜡和硬脂酸丁酯中并不能形成稳定的乳液，其底部仍存在大量的棕色的氧化石墨烯溶液。在棕榈酸中可以看到溶液上层形成了乳液，而氧化石墨烯在鲸蜡醇中形成稳定的乳液。说明氧化石墨烯可以作为 Pickering 乳化剂稳定的乳化鲸蜡醇。主要是由于鲸蜡醇分子相较于石蜡更具极性，可与氧化石墨烯片层上的官能团产生氢键。

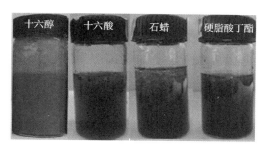

图 2.14　氧化石墨烯与不同油相混合得到的乳液的光学照片

表 2.2 为氧化石墨烯在不同油相中形成的乳液的表征参数。可以看出氧化石墨烯在鲸蜡醇和棕榈酸中均形成了水包油乳液。氧化石墨烯中在鲸蜡醇油相中形成更为稳定的乳液，静置后乳液体积不会减少。通过粒度表征结果可知，其平均粒径为 240.7μm。

表 2.2　氧化石墨烯与不同油相形成的乳液的表征参数

油相类型	乳液类型	24h 剩余乳液体积/%	平均粒径/μm
鲸蜡醇	油/水	~100	240.7
棕榈酸	油/水	~75	510
石蜡	不稳定	不稳定	—
硬脂酸丁酯	油/水	不稳定	—

图 2.15 为氧化石墨烯在鲸蜡醇中形成的乳液的显微镜图。在显微镜下可以观察到球形液滴，说明氧化石墨烯包覆在鲸蜡醇表面形成了稳定的水包油乳液。其粒径为 200μm 左右。

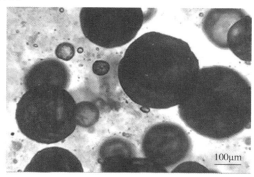

图 2.15　氧化石墨烯在鲸蜡醇中形成的乳液的显微镜图

2.5 基于氧化石墨烯的界面自组装制备功能材料

氧化石墨烯具有表面活性,使其在纳米材料的自组装方面展现出巨大的潜能。固液气三相的界面能够为氧化石墨烯的自组装提供平台。氧化石墨烯在不同界面可以自组装成不同的纳米结构。氧化石墨烯在二维界面进行自组装可制备得到氧化石墨烯薄膜,在三维界面进行组装可形成三维的结构。目前,氧化石墨烯通过不同的自组装技术可以可控制备得到具有不同结构和功能的石墨基功能材料。因此,氧化石墨烯在不同界面的自组装技术为设计和可控制备功能碳材料提供了新的途径。主要包括:在液-气界面自组装、在液-液界面自组装和在液-固界面自组装。

2.5.1 氧化石墨烯在液-气界面自组装

氧化石墨烯/石墨烯膜可通过液-气界面制备,主要包括以下三种方法:Langmuir-Blodgett(LB)自组装、蒸发诱导在二维界面的自组装及三维界面的自组装。

2.5.1.1 Langmuir-Blodgett(LB)自组装

Langmuir-Blodgett(LB)自组装是一种两亲性分子可控制备薄膜的方法。在LB自组装过程中,先将两亲性分子溶于易挥发的有机溶剂中,随着将其滴在水表面,溶剂会快速挥发,在水-气界面形成单分子层的薄膜。氧化石墨烯可视为是一种具有憎水区域和亲水表面的二维两亲性材料,因此,氧化石墨烯可通过LB自组装技术制备单层氧化石墨烯薄膜。Kim 等将氧化石墨烯分散在水-甲醇混合溶液中,将其滴加到水表面,在界面可以得到超薄的氧化石墨烯膜。氧化石墨烯薄膜可以通过涂布法收集。氧化石墨烯薄膜的形态能够通过表面压力和 pH 值进行调控。Huang 等人的研究表明氧化石墨烯的两亲性变化影响薄膜的形态。而氧化石墨烯的两亲性取决于 pH 的变化。如图 2.16 所示,当表面受到压力时,在酸性环境氧化石墨烯片层具有轻微褶皱形态,而在碱性环境下氧化石墨烯片层发生堆叠。因此氧化石墨烯单层膜可通过调整 pH 形成无褶皱的薄膜和重叠的薄膜。

单层石墨烯的透光率高和导电性好,可用于透明导电电极。Kim 等通过 LB自组装技术制备氧化石墨烯薄膜后,通过在氮气环境中 500℃热还原得到石墨烯单层膜。该还原氧化石墨烯薄膜的透光率为 95%,表面电阻率为 $4M\Omega \cdot m$。Zheng 等人研究发现通过 LB 自组装制备得到石墨烯薄膜的表面粗糙度相较于其

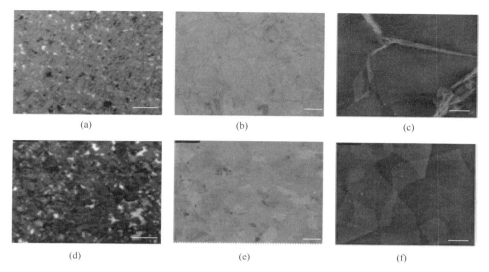

(a)   (b)   (c)

(d)   (e)   (f)

图 2.16 （a，d）氧化石墨烯薄膜的荧光淬灭显微镜图，标尺：100μm；（b，e）
扫描电镜图，标尺：25μm；（e，f）原子力显微镜图，标尺：2μm；（a-c）在酸性环境下，
（d-f）在碱性环境下

他传统方法制备的薄膜更低。此外，氧化石墨烯和碳纳米管混合悬浮液利用 LB
自组装技术可制备成大面积的氧化石墨烯/碳纳米管膜。该复合薄膜的透光率为
85%，表面电阻率为 400Ω·m，说明其性能与工业用的 ITO 薄膜的性能具有可比
性。因此，LB 自组装技术为可控制备碳功能薄膜提供了新的方法。

2.5.1.2　蒸发诱导在二维界面自组装

氧化石墨烯通过蒸发诱导在液-气界面进行自组装，其实质就是氧化石墨烯
在液-气界面自浓缩。该方法的机理较为简单。氧化石墨烯具有表面活性，结合
重力或蒸发等作用，氧化石墨烯在界面层层自组装，最终得到氧化石墨烯薄膜。
与传统的成膜方法相比，该方法操作工艺简单。通过重复加热氧化石墨烯溶液可
不断地制备薄膜，因此是一种可规模化制备薄膜的方法。氧化石墨烯薄膜的尺寸
和厚度与液-气界面的面积和加热时间有关。

Chen 等人研究发现，将氧化石墨烯溶液在 80℃下水浴加热不同时间可以得
到不同厚度的氧化石墨烯薄膜。加热 20min 和 40min 分别得到 5μm 和 10μm 的氧
化石墨烯薄膜。这主要是由于随着水的蒸发，氧化石墨烯向界面移动，吸附在二
维界面并形成相互连接氧化石墨烯薄膜。自组装制备的薄膜具有独立性和柔韧
性。从扫描电镜图中可以看出，此膜具有层层定向排列的结构。蒸发诱导过程的
快慢可通过加热温度、pH 值和氧化石墨烯浓度等进行控制。Kim 等人研究发现，

在蒸发诱导自组装成膜过程中，氧化石墨烯可以随水中的气泡到达液-气界面。随着气泡从体系中逸出，氧化石墨烯在界面上自组装成膜。

由于还原氧化石墨烯中仍存在含氧官能团，具有表面活性。因此可通过蒸发诱导界面自组装制备成石墨烯薄膜。Zhu 等人通过蒸发诱导和化学还原的同时进行，制备了石墨烯透明导电薄膜。在氧化石墨烯溶液中加入水合肼，在 400r/min 搅拌并加热，随着水的蒸发，在液-气界面形成石墨烯薄膜。石墨烯薄膜的透光率可达 96%，表面电阻率为 31.7kΩ·m。

此外，通过蒸发诱导自组装方法可制备碳混合薄膜。氧化石墨烯可作为表面活性剂分散石墨烯和碳纳米管等。碳纳米管等可以通过与氧化石墨烯间 π—π 键的作用黏附于氧化石墨烯片层上，稳定分散于水中。Lv 等人通过对石墨烯/氧化石墨烯悬浮液进行蒸发，氧化石墨烯携带着石墨烯在液-气界面形成氧化石墨烯/石墨烯复合薄膜(图 2.17)。

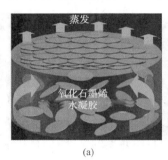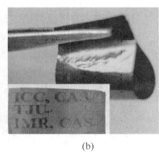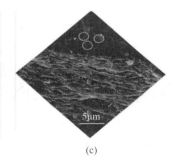

(a)　　　　　　　　(b)　　　　　　　　(c)

图 2.17　(a)氧化石墨烯在液-气界面蒸发诱导自组装示意图，(b)形成的氧化石墨烯膜的光学照片和(c)横截面的扫描电镜图

2.5.1.3　蒸发诱导在三维界面自组装

蒸发诱导自组装还可以发生在三维界面上。当蒸发诱导发生在氧化石墨烯气溶胶周围，气溶胶滴能够提供一个三维的液-气界面，气凝胶滴里的氧化石墨烯受各向同性的压缩形成了近球形的三维褶皱颗粒。Luo 等人利用超声喷雾器形成氧化石墨烯气溶胶，然后氧化石墨烯气溶胶通过载有氮气的预热处理的试管炉，将水分快速的挥发。由于受到压力的作用，形成三维纸团状石墨烯(图 2.18)。这些纳米颗粒能够紧密堆积而不减少比表面积，并具有优异的抗压强度。因此这种褶皱结构是一种可广泛应用的材料。

此外，通过在氧化石墨烯气溶胶滴中添加其他组分，可得到石墨烯包裹纳米颗粒的复合材料。石墨烯包覆纳米颗粒通常需要静电引力或者交联等才能进行自组装。而蒸发诱导自组装利用毛细压力和氧化石墨烯气溶胶提供的三维界面可自组装形成球形颗粒。Sohn 等通过毛细压力的作用形成氧化石墨烯包裹聚乙烯球形颗粒，然后以此为模板，通过加热将聚乙烯热解和氧化石墨烯还原成石墨烯，形成空的石墨烯胶囊。

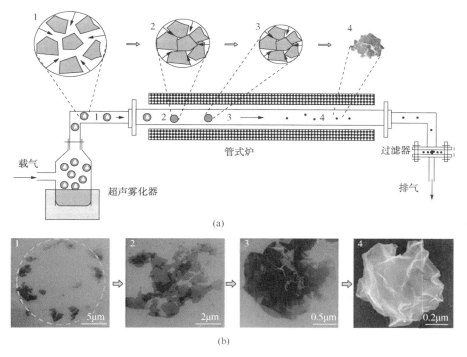

(a)

(b)

图 2.18　(a)蒸发诱导变皱过程的示意图和(b)飞行路线中从 1~4 点处收集的样品的扫描电镜图

2.5.2　氧化石墨烯在液–液界面自组装

液–液界面为氧化石墨烯自组装成不同的纳米结构提供一个理想的平台。通过 Breath Figure 技术可组装成蜂巢结构的氧化石墨烯。通过氧化石墨烯在液–液二维界面的自发浓缩可组装成薄膜。通过氧化石墨烯在 Pickering 乳液的三维界面自组装可制备氧化石墨烯基球形颗粒。

2.5.2.1　Breath Figure(BF)自组装

Breath Figure(BF)自组装技术，又称"水辅助法"，是一种常用于聚合物纳米结构自组装的方法，可以制备尺寸、形状和功能可控的蜂窝状结构。通过 BF 自组装技术，聚合物在可挥发溶剂–水界面的自组装。在有机溶剂挥发的过程中，聚合物溶液表面温度迅速降低，潮湿空气中的水滴会凝结在膜表面，并规整排列，待有机溶剂和膜表面的水滴完全挥发，规整如蜂巢般的孔洞结构就会留在聚合物膜表面。目前通过 BF 技术，不同的聚合物如梳状聚合物、盘条块状聚合物和两亲性共聚物均能制备成蜂窝状结构膜。当两亲性共聚物作为前驱体时，亲水性和憎水性的平衡是稳定水滴和控制孔径尺寸的关键。

氧化石墨烯可视为是两亲性聚合物，也可将其他聚合物接枝到氧化石墨烯上。因此，可通过 BF 技术制备氧化石墨烯蜂窝状结构。Kim 等人首先将聚苯乙烯接枝到氧化石墨烯上，以苯为挥发溶剂，随着苯和水的挥发，在基底上制备了聚苯乙烯–氧化石墨烯蜂窝状薄膜。氧化石墨烯的两亲性是 BF 自组装的关键。Luo 等人的研究表明氧化石墨烯尺寸影响氧化石墨烯的两亲性。氧化石墨烯片层尺寸越小，亲水性越好。Yin 等首先利用 BF 法制备了氧化石墨烯/溴化二甲基双十八烷基铵（DODA）蜂窝状薄膜，然后将氧化石墨烯进行还原制备得到石墨烯/DODA 蜂窝状薄膜。电化学测试结果表明，相对于直接化学还原得到的石墨烯/DODA 薄膜，蜂窝状薄膜有更高的容量和倍率特性。

2.5.2.2　在二维界面自组装

由于氧化石墨烯具有两亲性，在具有挥发性的有机溶剂和水间形成的液–液界面，氧化石墨烯会向溶剂–水界面移动自组装。Kim 等人将几滴氯仿加入氧化石墨烯溶液中，在水溶液表面形成薄的油层，氧化石墨烯会移动到油–水的界面。将氯仿挥发掉后，通过表面分析技术（BAM）确定了水表面存在着氧化石墨烯薄膜。此方法制备得到的氧化石墨烯薄膜不会重新分散到水中。Chen 等利用乙醇的加入促进氧化石墨烯薄膜在戊烷–水界面的形成。这种自组装方法也可以应用于制备碳复合薄膜。薄膜的均匀性可与其他方法（如旋涂法和真空抽滤等）制备的薄膜相比。

2.5.2.3　在 Pickering 乳液三维界面自组装

氧化石墨烯能够作为胶体表面活性剂，也就是 Pickering 乳化剂，在油–水界面进行组装，从而能在水溶液中分散有机溶剂，产生稳定的乳滴。Kim 等人利用氧化石墨烯作为表面活性剂在甲苯–水界面形成了稳定的甲苯乳滴。研究结果表明，甲苯乳滴的粒径与氧化石墨烯的浓度有关（图 2.19）。氧化石墨烯浓度的增加，形成的乳液体积增加，甲苯乳滴的粒径减小。

氧化石墨烯 Pickering 乳液可用于氧化石墨烯的尺寸分离。研究表明，氧化石墨烯尺寸大于 5μm 会选择性的在油–水界面进行自组装，而尺寸小于 1μm 的氧化石墨烯仍稳定的存在水溶液中。这主要是由于氧化石墨烯的表面活性与氧化石墨烯的尺寸有关。氧化石墨烯尺寸越小，亲水区域所占比例越大，相对于大尺寸氧化石墨烯更加亲水，能够在水溶液中稳定存在，不会自组装到油–水界面。

图 2.19 （a-g)甲苯/氧化石墨烯混合液产生的甲苯乳滴，氧化石墨烯的浓度分别为（a)
0.95mg/mL，（b)0.47mg/mL，（c)0.19mg/mL，（d)0.095mg/mL，（e)0.047mg/mL，
（f)0.019mg/mL 和(g)0.0095mg/mL，下图为对应的乳滴的显微镜图片，标尺为 1mm

尽管目前关于利用乳液技术制备有机或者无机球形材料已有报道，但是这些方法需要加入多余的表面活性剂和牺牲模板，并且时间较长。而利用氧化石墨烯作为表面活性剂制备 Pickering 乳液，不需要加入其他表面活性剂，方法简单。Guo 等人利用氧化石墨烯 W/O 乳液制备了氧化石墨烯空心球。利用氧化石墨烯 Pickering 乳液为模板，可制备聚合物/氧化石墨烯核壳结构的复合材料。Song 等人利用氧化石墨烯作为 Pickering 乳化剂制备 Pickering 乳液，苯乙烯在 Pickering 乳液界面进行聚合，制备得到氧化石墨烯包覆的聚苯乙烯颗粒。

总之，氧化石墨烯 Pickering 乳液界面自组装提供了一种简单可规模化制备氧化石墨烯或石墨烯球形颗粒的方法。这种自组装方法不需要牺牲模板以及加入其他的表面活性剂。

2.5.3 氧化石墨烯在液-固界面自组装

2.5.3.1 氧化石墨烯作为分散剂

氧化石墨烯可作为分散剂使用。Cote 等人研究发现氧化石墨烯能够在水溶液中分散石墨和碳纳米管。如图 2.20 所示，石墨片和碳纳米管均匀分散在氧化石墨烯片层上，不会发生团聚。石墨片和碳纳米管通过与氧化石墨烯间 π—π 键的作用，黏附于氧化石墨烯片层上。

不同于其他分散剂，氧化石墨烯并不是在碳纳米管表面进行包覆，因此氧化石墨烯的加入不会影响碳纳米管的导电性。通过还原处理可以制备全碳复合材料。Tung 等人以氧化石墨烯为分散剂将单壁碳纳米管和富勒烯分散在水溶液中。通过拉曼谱图证实氧化石墨烯与碳纳米管和富勒烯间的 π—π 键作用。通过对氧化石墨烯进行热还原，制备得到全碳复合材料。该材料可用于太阳能电池的活性层。氧化石墨烯也能够分散其他 π 键材料，如有机半导体和导电聚合物等。

图 2.20　氧化石墨烯在水中分散(a)石墨和(d)碳纳米管，(b)在水中超声分散的石墨的扫描电镜图，(c)在氧化石墨烯溶液中超声分散的石墨的扫描电镜图，(e)在水中超声分散的碳纳米管的扫描电镜图，(f)在氧化石墨烯溶液中超声分散的碳纳米管的扫描电镜图，插图为原子力显微镜图

2.5.3.2　静电自组装

氧化石墨烯的羧基在水溶液中发生电离带负电，其带电程度可通过溶液的 pH 值进行调控。

通过氧化石墨烯的静电自组装可以制备石墨烯薄膜和复合材料。An 等人在氧化石墨烯溶液中加入两个对电极，通过电场作用，实现氧化石墨烯在电极表面的层层自组装和还原。主要是由于氧化石墨烯带负电，在电场作用下向阳极移动，通过静电作用在电极表面实现自组装，并且在阳极发生还原。如图 2.21 所示，电化学沉积过程结束后通过干燥，最终在电极上得到还原氧化石墨烯薄膜。还原氧化石墨烯薄膜的电导率可达 1.43×10^{4} S/m。Chung 等通过将带正电的聚甲基丙烯酸甲酯固体颗粒与带负电的氧化石墨烯混合，两者通过静电作用复合。再通过电化学还原制备聚甲基丙烯酸甲酯/石墨烯。聚甲聚甲基丙烯酸甲酯/石墨烯展现出优异的导电和热性能。Zhou 等人利用带负电的氧化石墨烯和带正电的聚合电解质间的络合作用，实现氧化石墨烯在不同的界面自组装。氧化石墨烯可组装成不同的纳米结构，如纤维、胶囊和膜。

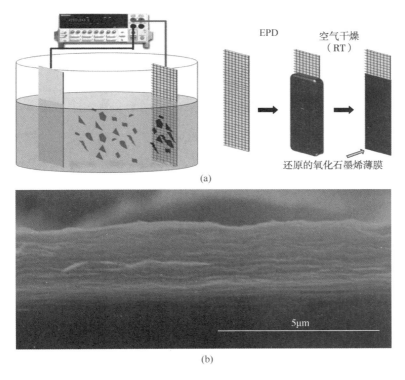

(a)

(b)

图 2.21　（a）电化学沉积过程的示意图和（b）电化学沉积的
氧化石墨烯膜的横截面的扫描电镜图

2.5.3.3　在冰-水界面自组装

冷冻成型法是一种用于制备多孔材料的技术。通过纳米颗粒溶液冷冻结冰，这些纳米颗粒在冰晶间聚集，随着冰的升华，多孔结构形成。因此，冷冻成型法可认为是以冰晶体为模板，纳米材料在晶体-水界面的自组装。通过冷冻成型可以制备多孔氧化石墨烯或石墨烯。Qiu 等人将还原氧化石墨烯进行冷冻成型得到了超级轻的木塞状分层次的石墨烯块体材料。如图 2.22 所示，在扫描电镜图中可以看出石墨烯呈现纵向分层的多孔结构。这种材料具有高弹性、高导电性和高效的吸收能量的能力。多孔结构有利于另一组分的插入，形成功能复合材料。多孔氧化石墨烯或石墨烯可应用于许多领域，如传感器、药物传递、吸附和能量存储等。多孔氧化石墨烯材料能够用作染料的吸附剂。它拥有大的比表面积，能够与染料分子充分接触。并且氧化石墨烯可以通过静电作用与带正电的染料进行有效的吸附。

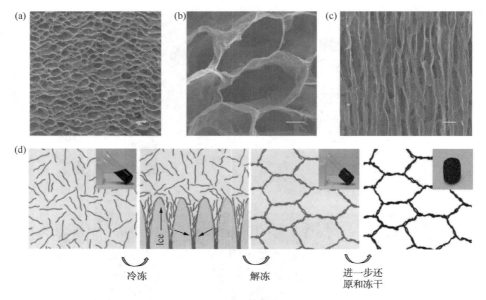

图 2.22　分层的石墨烯块体的俯视的扫面电镜图(a, c)和侧视的扫描电镜图(b)

通过加入一些交联剂(DNA 聚合物和金属离子等)与氧化石墨烯交联可制备氧化石墨烯凝胶。氧化石墨烯凝胶形成的主要驱动力包括：范德华力、氢键和静电作用。氧化石墨烯凝胶通过真空冻干成型可以维持凝胶的体积并具有多孔结构。Bai 等人以聚乙烯醇作为交联剂，氧化石墨烯与聚乙烯醇间形成的氢键是形成凝胶的主要驱动力。真空冻干后，凝胶维持了原有的体积，具有多孔结构。将聚合物单体加入氧化石墨烯溶液中，聚合物单体在氧化石墨烯片层上发生化学聚合也会得到氧化石墨烯凝胶，如氧化石墨烯/聚吡咯凝胶和氧化石墨烯/聚苯胺凝胶等。真空冻干得到的氧化石墨烯/聚吡咯凝胶相较于直接在空气中干燥得到的氧化石墨烯/聚吡咯复合材料在氨气传感器中展现出更加优异的传感性能。凝胶中的大孔提高了凝胶的传感性能。Tao 等人以聚乙烯醇为交联剂通过冻干成型和氧化石墨烯的还原制备得到高比面积的石墨烯多孔材料，比表面积高达 $1016m^2/g$。

通过在氧化石墨烯自组装过程中加入还原剂或者热处理可以制备得到石墨烯凝胶。Xu 等人通过水热法得到具有良好的导电、导热和力学性能的石墨烯凝胶。冻干后的石墨烯凝胶具有较大的孔隙率、电导率和高的电容量。石墨烯凝胶也可用于油吸附。Gong 等利用氧化石墨烯和 Fe^{2+} 间的静电作用实现复合，再通过还原和真空冻干制备石墨烯凝胶。凝胶展现了对非极性有机溶剂的较强的吸附能力。通过在氧化石墨烯溶液中加入还原剂(抗坏血酸盐、巯基乙酸钠、氢碘酸和水合肼等）并加热也可制备得到石墨烯凝胶。Lv 等人在氧化石墨烯溶液中加入水合肼，进行加热，氧化石墨烯发生还原并且自组装得到石墨烯凝胶。制备得到的石墨烯凝胶可用于锂离子电池的电极。

综上所述，氧化石墨烯可以在液–气、液–液和液–固界面进行自组装制备薄膜、氧化石墨烯球形颗粒、氧化石墨烯胶囊和多孔氧化石墨烯材料等。尽管目前氧化石墨烯的界面自组装技术有了很快的发展，但是对于氧化石墨烯在不同界面的自组装性能仍需要深入研究。研究低成本、简单和可规模化的自组装技术和无损的还原方法对于可控制备石墨烯基功能材料十分重要。

2.6 小结

通过改进的 Hummers 制备可得到具有较高氧化程度的单层氧化石墨烯。氧化石墨烯具有羟基、环氧基和羧基等含氧官能团，其 C∶O 比约为 2∶1。由于氧化石墨烯中存在未氧化的疏水区和氧化的亲水区，氧化石墨烯具有表面活性。氧化石墨烯的羧基在水溶液中会发生电离。氧化石墨烯的表面活性可通过 pH 值进行调控。pH 值呈碱性，羧基电离增加，亲水性增加，悬浮液的稳定性增加。相反，pH 呈酸性，羧基电离减少，电荷密度减少，导致氧化石墨烯的疏水性增加，悬浮液稳定性降低。氧化石墨烯可作为分散剂分散具有 π 共轭结构的材料如碳纳米管和石墨等。同时其也可作为胶体乳化剂，在油–水界面自组装，制备稳定的 Pickering 乳液。氧化石墨烯可以在液–气、液–液和液–固界面进行自组装制备薄膜、氧化石墨烯球形颗粒、氧化石墨烯胶囊和多孔氧化石墨烯材料等。尽管目前氧化石墨烯的界面自组装技术有了很快的发展，但是对于氧化石墨烯在不同界面的自组装性能仍需要深入研究。氧化石墨烯的自组装性能为可控制备石墨烯基功能材料的研究提供基础。

3

电化学还原石墨烯的制备与表征

3.1　引言

　　目前，关于石墨烯的基础和应用研究已成为研究的热点。高品质石墨烯的规模化制备是其广泛应用的前提。目前，石墨烯制备的方法有机械剥离法、化学气相沉积、外延生长法、氧化还原法等。其中，还原氧化法具有成本低廉、控制简单以及可大规模化制备等优势，被普遍认为是目前最具前景的大规模生产石墨烯的途径。

　　目前，关于氧化还原法的研究已有很多报道，主要有化学还原法、热还原法、电化学还原法等。化学还原法主要是通过化学试剂与氧化石墨烯发生反应进行还原，是一种简单、低成本的还原方法。通常用的还原剂有水合肼、硼氢化钠、氢化钠、氢碘酸、氢氧化钠等。但是有毒还原剂的使用不仅会造成还原产物的污染，而且对于人体和环境有害。热还原主要是通过在 N_2 或 Ar 气氛中对石墨氧化物进行快速高温处理，使石墨氧化物迅速膨胀而发生剥离，同时可使部分含氧基团热解生成 CO_2，从而得到石墨烯片。目前，在其他辅助条件下在较低的温度条件下也可以实现。但热还原过程对反应条件及设备的要求很高，不利于降低成本和规模化制备。而电化学还原法提供了一种简单、快速、经济和环保的生产高质量石墨烯的途径。电化学还原法在外加电场作用下，在特定的电解质溶液中，室温下可实现氧化石墨烯的还原。具有反应条件简单、容易控制、反应中较少使用不利于环境和人体健康的化学试剂等优势。通常电化学还原石墨烯(Electrochemically Reduced Graphene Oxide，ERGO)具有残留的含氧官能团，可通过电化学参数调控电化学还原石墨烯的还原程度与性能。电化学还原法提供了一种有效、可控的还原方法。并且还原产物一般在电极上形成，可直接用于生物传感器或催化电极等。因此，提出一种新的氧化石墨烯的电化学还原自组装方法。不同于其他电化学还原方法，无需对电极进行修饰和配制特殊电解液，采用直流电压直接在氧化石墨烯溶液中进行反应，方法简单。本方法主要包括氧化石墨烯的电化学沉积和还原两个过程。并且通过搭建多电极电化学还原装置，可实现石墨烯的绿色规模化制备。通过本方法，可制备多种形态的还原氧化石墨烯(石墨烯纸、褶皱石墨烯和石墨烯卷)。

3.2　电化学还原氧化石墨烯的制备

实验装置如图3.1所示，主要包括电源、电路盒和电极反应装置。电源通过电路盒连接到多电极装置的电极上。电源采用上海力均稳压设备有限公司的 WYJ (HB1700)0 型直流稳压电源。直流稳压电源通过导线与安全电路盒相连。安全电路盒通过电路接线板在另一端与多电极反应装置相连。

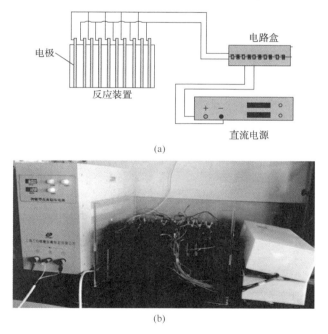

图 3.1　(a)实验装置示意图和(b)实验装置照片

安全电路盒主要是用于控制电路的开断路和电源施加的电场的方向。多电极装置是使用透明有机玻璃材料制成的，如图 3.2 所示，长与宽分别为 250mm。容器的两壁各设计卡槽用来放置电极，电极间距为 10mm。电极为铜电极，长宽各为 250mm，厚度为 1mm。

图 3.2　多电极装置图

　　具体制备过程：制备 1mg/mL 的氧化石墨烯溶液。将配制的氧化石墨烯溶液加入多电极装置中，工作电极与电源的正极相连。打开电源开关，选择电压为 30V，氧化石墨烯进行电化学沉积 30min。反应结束后，工作电极与电源的负极相连，调整直流电压为 60V，反应 3h。反应结束后，取出电极，加热干燥电极上产物，同时收集溶液中的产物。配置 3% 的 HCl 溶液对产物进行酸洗，用于除去溶液中的杂质，再用去离子水反复清洗。将产物放在真空干燥箱内干燥 24h。

　　氧化石墨烯的电化学还原自组装主要包括氧化石墨烯的吸附（电化学沉积）和还原反应两个过程，如图 3.3 所示。氧化石墨烯在电场力的作用下进行自组装和还原。

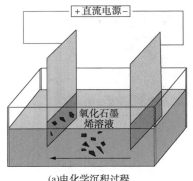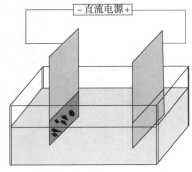

(a)电化学沉积过程　　　　　　　　　(b)电化学还原过程

图 3.3　电化学过程示意图

3.3 电化学还原氧化石墨烯的表征

3.3.1 电化学还原过程表征

当工作电极与电源的正极相连，溶液中带负电荷的氧化石墨烯粒子会在电场力的作用下向正极移动。在氧化石墨烯到达工作电极时，会一层一层地自组装在电极表面上，形成氧化石墨烯膜，此过程即为电化学沉积过程。图 3.4 为电化学沉积过程中电流-时间曲线。从图中可以看出，随着时间的增加，电流逐渐减小。主要由于溶液中大量带负电的氧化石墨烯受静电吸引作用向工作电极方向运动并吸附，引起了较大的回路电流。随着电化学沉积过程的进行，溶液中自由运动的带负电的氧化石墨烯不断减少，导致电流也随之迅速减小。电化学沉积 30min 后，溶液内的氧化石墨烯全部自组装到电极上，电流不再有变化。

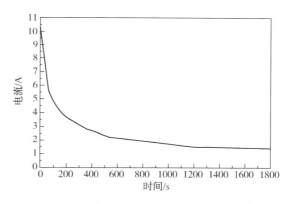

图 3.4   电化学沉积过程中电流-时间曲线

在此过程中氧化石墨烯在电极表面进行了自组装，但无法确定其是否与电极发生了反应。因而对电化学沉积后电极上的氧化石墨烯进行红外表征，如图 3.5 所示，氧化石墨烯具有在 3397cm^{-1} 处的 O—H 的振动吸收峰、1396cm^{-1} 处的 O—H 的变形吸收峰、1720cm^{-1} 处 C =O 的伸缩振动吸收峰、1226cm^{-1} 处的 C—O—C 的伸缩振动峰和 1045cm^{-1} 处的 C—O 的伸缩振动峰。电化学沉积 30min 后，GO 的吸收峰仅有微弱减小，说明在此过程中主要发生氧化石墨烯在电极上的自组装。氧化石墨烯电化学沉积后显示出的微弱"还原"作用与 Sung 等在氧化石墨烯的电泳沉积过程中得到的结果相符，氧化石墨烯中氧的去除缘于电场作用下羧基等在自由基参与的情况下发生氧化生产了 CO_2。但此过程中氧化石墨烯的还原效果有限，与通常情况下的阴极还原过程机制不同。

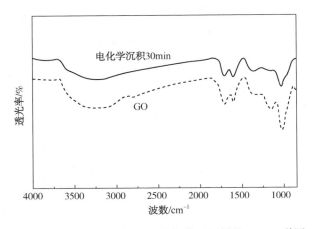

图 3.5　电化学沉积后电极上的氧化石墨烯的 FT-IR 谱图

待电化学沉积结束后，工作电极与电源的负极相连。电子通过电极传递至氧化石墨烯薄膜，工作电极表面的氧化石墨烯薄膜得到电子而发生还原反应。与电极直接接触的氧化石墨烯首先得到电子被还原，接着相邻的氧化石墨烯被还原，随着反应的进行，类似于多米诺效应，氧化石墨烯由电极表面向外逐渐还原。在此过程中电流随时间变化如图 3.6 所示。随着还原时间的增加，还原电流先增大后减小至稳定值。主要是由于在反应初期，电极上的氧化石墨烯与电极进行电子传递实现还原，电流增加。随着还原反应的进行，靠近电极的氧化石墨烯与外侧的氧化石墨烯逐渐都被还原，电流降低至稳定值。

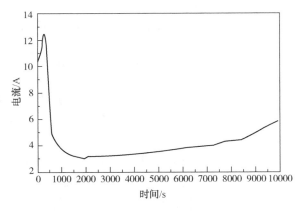

图 3.6　还原过程电流–时间曲线

由图 3.7 可见，当还原电压维持 30V 不变，随着还原时间的不断延长，GO中原有的各含氧官能团的吸收峰不断减弱；其中，位于 3395cm^{-1} 的羟基 O—H 的振动吸收峰减弱最为明显，至反应进行到 120min 后已经几乎消失；而包括 1396cm^{-1} 处羟基 O—H 的变形吸收峰、1722cm^{-1} 处 C $=$ O 的伸缩振动吸收峰、1226cm^{-1} 处的 C—O—C 的伸缩振动峰及 1045cm^{-1} 处烷氧基 C—O 的伸缩振动峰峰强减弱相对较慢，甚至 240min 的还原之后，产物的 FT-IR 谱图上仍然可见 1045cm^{-1} 处烷氧基 C—O 的伸缩振动峰。这一方面反映了更长的时间对于还原过程的促进，同时也说明了 30V 下要想彻底去除 GO 上的含氧基团，还需适当延长还原时间。

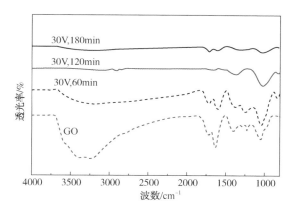

图 3.7 30V 不同反应时间电极上得到的 ERGO 的红外谱图

图 3.8 为 60V 不同反应时间电极上得到的 ERGO 的红外谱图。还原氧化石墨烯的含氧官能团的吸收峰随还原时间延长，迅速减弱，还原进行 60min 以后已显示出了明显的还原效果。随着还原时间的进一步延长，还原氧化石墨烯的还原程度不断提高。最终 60V 下还原 180min 产物的各含氧基团的吸收峰几乎完全消失，说明此时氧化石墨烯已经被还原。

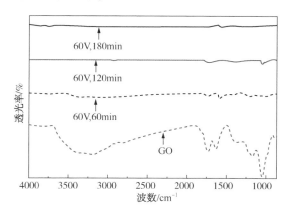

图 3.8 不同还原时间得到的还原氧化石墨烯的 FT-IR 谱图

与 30V 电压下的还原产物相比较，当还原时间为 60min 时，30V 下的还原产物各含氧官能团吸收峰仅出现了微弱的减小，而此时 60V 下的还原产物已表现出了相对明显的红外还原效果，各含氧基团的红外吸收相对 GO 已经减弱；120min 的还原后，30V 下的还原产物开始显现出明显的还原作用，3397cm^{-1} 和 1722cm^{-1} 处分别对应于—OH 和 C═O 的特征吸收峰已很大程度减弱，但在 1396cm^{-1} 处的—OH 变形振动吸收峰和 1045cm^{-1} 处烷氧基的 C—O 伸缩振动峰依然明显；同样，在 180min 的还原时间下，60V 的还原电压下所得产物均显示出相对更高的红外还原程度。说明，还原电压在 GO 的电化学反应过程中起着决定作用。更大的还原电压可以为还原反应提供更大的反应动力，从而在更短的时间里实现更大的还原效果。

图 3.9 是在电压为 60V 时不同还原时间的 GO 的 XRD 图谱。当氧化石墨烯经过不同时间的还原后，从图中看出随着还原时间增加氧化石墨烯的（001）峰大幅度减弱，甚至在还原时间为 180min 时消失。在 2θ 为 23°附近出现新衍射峰，而且随着还原时间的增加峰宽度变宽，衍射峰的强度降低。说明，随着还原时间的延长，氧化石墨烯的还原程度逐渐增加，在 60V 电压下还原 180min，氧化石墨烯实现较好的还原。

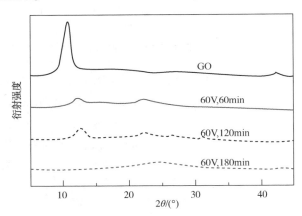

图 3.9　不同还原时间得到的还原氧化石墨烯的 XRD 图

3.3.2　电化学还原氧化石墨烯的形貌表征

由于不同电化学还原方法得到的还原氧化石墨烯的结构与性能不同。石墨烯的性能影响其应用。通过有效的表征手段鉴定石墨烯是获得高质量石墨烯的关键。

SEM 可以用来表征石墨烯的表面形貌和微观结构。使用 SEM 也可观察 GO 还原过程中的表面。GO 表面和 ERGO 表面没有明显区别，都存在少许褶皱。

图3.10为多电极电化学法还原得到的三种电化学还原氧化石墨烯的SEM图。从图3.10(a)和图3.10(b)中可以看出，电极上的还原氧化石墨烯(ERGO1)呈现层层定向排列结构。其厚度约为10μm。如图3.10(c)和图3.10(d)所示，溶液中的还原氧化石墨烯(ERGO2)呈现类似于褶皱的纸团状结构。主要是由于在电化学还原过程中，与工作电极直接接触的氧化石墨烯首先得到电子被还原，接着相邻的氧化石墨烯被还原，因而氧化石墨烯由电极表面向外逐渐还原。沉积在电极外表面的氧化石墨烯发生还原的同时仍会带有部分负电荷，在电场力的作用下，还原石墨烯会向对电极方向移动。由于石墨烯片层受力不均，石墨烯由原先层层堆积的膜结构逐渐转变成疏松褶皱的卷曲结构，并从电极上脱落，在溶液中得到褶皱的纸团状结构。如图3.10(e)和图3.10(f)所示，超声后的还原氧化石墨烯(ERGO3)为卷状结构，石墨烯卷曲成规则排列的卷。

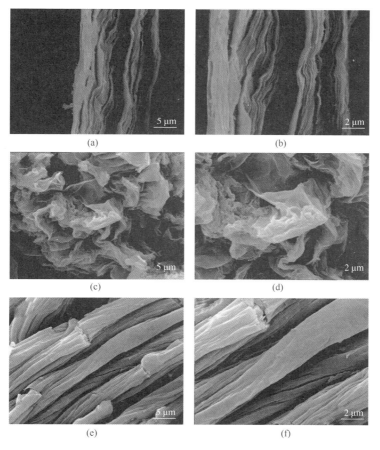

(a)　　　　　　　　　　(b)

(c)　　　　　　　　　　(d)

(e)　　　　　　　　　　(f)

图3.10　(a, b)电化学还原石墨烯ERGO1的SEM图，
(c, d)ERGO2的SEM图，(e, f)ERGO3的SEM图

3.3.3　电化学还原氧化石墨烯的还原程度表征

3.3.3.1　X 射线光电子能谱表征

XPS 是表征 ERGO 的还原程度的最主要的手段之一。它能够较准确的测定 GO 和 ERGO 中的碳氧含量。GO 在 C1s 谱图上主要有四种结合能的特征信号峰——284.5eV、286.4eV、287.8eV 和 289.0eV，分别对应于碳碳双键和单键（C=C/C—C）、环氧基和烷氧基（C—O）、羰基（C=O）和羧基（COOH）。通常以 O/C 比来反映氧化石墨的还原程度。在电化学还原过程中，随着产物中含氧基团的不断去除，碳氧键相关的信号峰会减弱，碳峰与碳氧峰的相对峰强明显增大。因此，无论是直接或是两步法还原，ERGO 的 C1s 谱图是类似于石墨的宽峰。

如图 3.11 所示，氧化石墨烯在 C1s 谱图上主要有三种结合能的特征信号：COOH（289.0eV）、C—O（286.3eV）和 C=C（284.3eV）。说明氧化石墨烯中含氧官能团的存在。氧化石墨烯的 C∶O 约为 2.3∶1。经过电化学还原后，ERGO1 和 ERGO2 的 C=O 和 C—O 峰明显减小，而 C∶O 则分别为 5.8∶1 和 4.6∶1。说明氧化石墨烯的含氧官能团减少，氧化石墨烯得到较好的还原。ERGO1 的还原程度要好于 ERGO2。

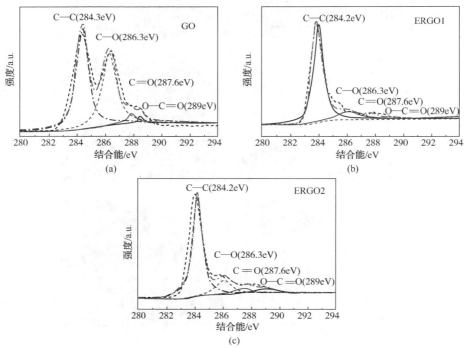

图 3.11　氧化石墨烯（a）、电化学还原石墨烯 ERGO1（b）和 ERGO2（c）的 XPS C1s 谱图

3.3.3.2 傅里叶红外光谱(FTIR)表征

红外光谱主要用来表征 GO 和 ERGO 的化学结构。GO 的红外谱图主要包含以下特征吸收峰: ~3400cm^{-1}和~1410cm^{-1}分别属于羟基(O—H)的振动吸收峰和变形吸收峰, ~1720-1740cm^{-1}——羰基(C=O)的伸缩振动吸收峰, ~1226cm^{-1}——环氧基(C—O)的伸缩振动峰, ~1052cm^{-1}——烷氧基(C—O)的伸缩振动峰, ~1620cm^{-1}——吸附水分子的变形振动峰。在直接电化学还原法中, 随着电化学反应时间的增加和还原电压的提高, ERGO 的氧化官能团的峰减小。

图 3.12 是多电极电化学还原得到的石墨烯的红外谱图。可以看出氧化石墨烯谱图中存在多个特征吸收峰。在 3397cm^{-1}和 1396cm^{-1}处出现 O—H 的振动吸收峰和变形吸收峰, 1720cm^{-1}处出现 C=O 的伸缩振动吸收峰, 1226cm^{-1}处出现 C—O—C 的伸缩振动峰, 1043cm^{-1}处出现 C—O 的伸缩振动峰。而经电化学还原后, 上述的含氧官能团吸收峰均极大减弱, 几乎消失, 说明通过电化学还原, 氧化石墨烯发生明显的还原, 还原效果较好。

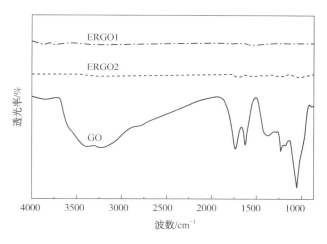

图 3.12　电化学还原石墨烯(ERGO1 和 ERGO2)的 FT-IR 谱图

3.3.3.3　X 射线衍射表征

XRD 可用来表征 GO 和 ERGO 的晶体结构和层间距, 从而反映 ERGO 的还原程度。通常情况下, 石墨的原始 XRD 图谱在 2θ 约 26°出现一个强峰, 对应 0.334nm 的层间距。而在 GO 的 XRD 图谱中, 此峰完全消失, 一个新的衍射峰出现在 2θ 约 9°~11°, 对应于 0.80~0.83nm 的层间距。说明石墨结构由于氧的引入, 层间距增大。电化学还原过程实质是氧化石墨烯表面的去氧, 层间距减小。因此, ERGO 在 9°~11°的特征衍射峰消失, 在 24°~27°左右出现一个新的宽峰。

衍射峰强度相比天然石墨剧烈降低，反映了氧化及还原使 ERGO 的晶体结构受到严重破坏，无序度增加。

图 3.13 是氧化石墨烯和电化学还原石墨烯的 XRD 图。氧化石墨烯在 2θ 约为 26°处的特征峰消失不见，而在 2θ 约为 10.4°产生了一个新的衍射峰，其晶面间距增大至 8.18Å。经电化学还原后，在 $2\theta = 10.4°$附近(002)面的特征峰已经完全消失，ERGO2 在 $2\theta = 23°$ 出现特征峰，晶面间距减小为 3.86Å。而 ERGO1 在 $2\theta = 24.6°$出现特征峰，间距减小为 3.61Å。但较理想石墨的晶面间距大，并且衍射峰宽化且较弱。说明还原过程在去除含氧基团的同时，所得产物的晶体结构重新堆积成了类石墨结构，但产物的晶格有序度较差，也可能还残余一些含氧基团。由结果可知，氧化石墨烯得到了有效的还原，并且电极上的 ERGO1 的还原效果要好于溶液中的 ERGO2。

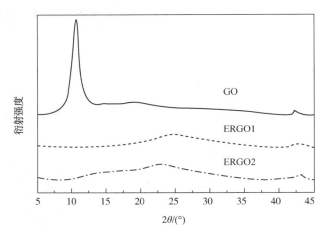

图 3.13　多电极电化学还原石墨烯(ERGO1 和 ERGO2)XRD 衍射图

3.3.3.4　热重表征

图 3.14 是氧化石墨烯和电化学还原石墨烯的 TG 图。从图中可以看出，随着温度升高，氧化石墨烯经历两个明显的失重阶段。首先在升温到 150℃时，失重 20%，这主要是由氧化石墨烯片层中的水分子的挥发造成的。在 150～300℃，氧化石墨烯有明显的失重(29.8%)，这主要是由于含氧官能团以二氧化碳的形式去除造成的。对于电化学还原石墨烯，可以看出其失重量明显小于氧化石墨烯，主要是由于经电化学还原，石墨烯得到还原，含氧官能团明显减少。而 ERGO2 失重量要大于 ERGO1，说明电极上的还原产物的还原效果要好于溶液中的还原产物。

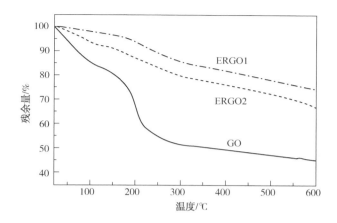

图 3.14　氧化石墨烯和电化学还原石墨烯
（ERGO1 和 ERGO2）的 TG 曲线

3.4　电化学还原氧化石墨烯的机理

GO 可视为是石墨烯片层内部和边缘处被含氧官能团（主要包括羟基、羧基和环氧基等）修饰的一种二维材料。含氧基团（如羧基）可以在去离子水、醇类以及其他有机溶剂中会发生电离，使得在不添加任何表面活性剂的情况下，GO 能分散于许多溶剂形成稳定的溶胶。但含氧官能团的存在破坏了 sp^2 杂化结构的石墨烯碳骨架，使得氧化石墨烯的导电能力远低于石墨烯，其他性能也受到影响。因此必须经后续还原进行脱氧重新实现石墨化，从而使导电等性能得以部分恢复。

已报道的电化学法制备石墨烯中，不论是一步还原或是两步还原，其实质都包含两个微观过程，即 GO 与工作电极表面的接触以实现电子传导通道的导通和在电极表面导电的还原氧化石墨烯和氧化石墨烯通过电子转移实现还原的反应过程。目前为止其过程具体的反应机理并无定论。An 等在采用电化学沉积法进行氧化石墨烯沉积的同时，在阳极所得氧化石墨烯薄膜检测到了明显的还原，其给出反应机制是：

$$RCOO- \longrightarrow RCOO+e^- \tag{3.1}$$

$$RCOO \cdot \longrightarrow R \cdot + \cdot CO_2 \tag{3.2}$$

$$2R \cdot \longrightarrow 2R-R \tag{3.3}$$

但是此反应机理仅能比较合理地解释-COOH 的被去除，而不能解释其他含

氧基团是否被还原以及以何种形态被还原。Zhou 等提出了电化学还原氧化石墨烯的反应机理:

$$GNO+aH^++be^- \longrightarrow ER\text{-}GNO+cH_2O \qquad (3.4)$$

并认为此机理可解释氧化石墨烯在不同电解质溶液中的还原,如 k-PBS、HCl、H_2SO_4、NaOH、KCl 等。在此反应机理下,H^+ 起了关键的作用。这与 Fray-Farthing-Chen(FFC)机制下固态氧化物向单质的电化学还原过程有本质不同,后者反应过程中不涉及 H^+。

此外,对于电化学还原过程的电极过程动力学及影响因素研究也很不完善,这对电化学还原法制备石墨烯的进一步发展同样不利。需要进一步的深入研究。

对于多电极电化学还原机理可以进行如下解释。氧化石墨烯能够在电场作用下进行还原自组装过程主要是由于氧化石墨烯的含氧官能团(-COOH)在水溶液中电离而带负电荷。通过直流稳压电源施加外部电场,溶液中带负电荷的氧化石墨烯会在电场力的作用下迁移到电极表面,并在电极表面自组装。电极表面的氧化石墨烯得到电子会发生还原反应。

根据表征结果可知,当工作电极与电压正极相连时,氧化石墨烯主要发生的是电化学沉积自组装,仅发生微弱的还原。微弱还原的机理可用 Sung 等提出的机理进行解释。氧化石墨烯中氧的去除缘于电场作用下羧基等在自由基参与的情况下发生氧化生产了 CO_2。但该过程中还原效果有限。当工作电极与电压负极相连时,氧化石墨烯发生还原。目前关于电化学还原的反应机理还未有定论。本书中电化学还原的反应机理可用式(3-4)进行解释。

但是根据表征结果可知,电极上的还原产物的还原效果要好于溶液中的还原产物,并且两者的微观结构不同。主要是由于在电化学还原过程中,与电极直接接触的氧化石墨烯首先得到电子被还原,接着相邻的氧化石墨烯被还原,随着反应的进行,类似于多米诺效应,氧化石墨烯由电极表面向外逐渐还原。如图 3.15 所示,在此过程中,还原氧化石墨烯仍会带有部分负电荷。在电场力的作用下,还原氧化石墨烯会向对电极方向移动,石墨烯片层由于受力不均,石墨烯由原先层层堆积的膜结构逐渐转变成疏松褶皱的卷曲结构,并从电极上脱落下来。这种疏松褶皱的卷曲结构在超声波的作用下,转变成卷曲的石墨烯,即石墨烯卷。

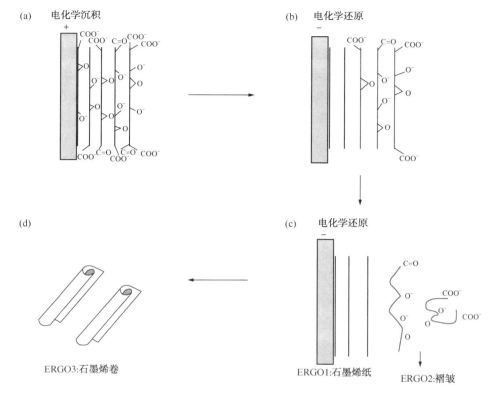

图 3.15　电化学过程机理示意图

3.5　小结

总之，电化学还原法提供了一种简单、可控和绿色的制备高质量石墨烯的途径。两种电化学还原法都能够将 GO 进行可控还原，应用于不同领域。通过 SEM 和 AFM 可以对 ERGO 的形貌和厚度进行表征。通过 XPS、FT-IR 等对 ERGO 的还原程度进行表征。通过拉曼光谱和 XRD 对 ERGO 的结构进行表征。

不同于其他电化学还原方法，多电极电化学还原法无须对电极进行修饰和配制特殊电解液，采用直流电压，直接在氧化石墨烯溶液中进行反应，方法简单。并且通过搭建多电极电化学还原装置，可实现石墨烯的绿色规模化制备。氧化石墨烯的电化学还原自组装过程主要包括氧化石墨烯的吸附（电化学沉积）和还原两个过程。当工作电极与电源的正极相连时，氧化石墨烯在电场力的作用下向工作电极移动，在电极表面自组装成膜。然后工作电极与电源的负极相连，氧化石墨烯薄膜由电极表面向外发生还原。电极外层的还原氧化石墨烯仍带有部分负电荷，在电场力的作用下，还原氧化石墨烯向对电极方向移动。由于还原氧化石墨烯受力不均，形成褶皱状石墨烯。这种疏松褶皱的卷曲结构在超声波的作用下，可形成石墨烯卷。电化学还原自组装的条件为：直流电压 30V，电化学沉积 30min。转换电场方向，直流电压 60V，反应 180min。随着还原时间增加，还原效果提高。当还原时间为 180min 时，氧化石墨烯通过该法得到了有效的还原。但是电极上的还原氧化石墨烯的还原程度较溶液中更好。

虽然电化学还原法的研究取得了一定的进展，但是制备高质量的石墨烯仍有一些需要克服的挑战。首先，目前电化学还原法能够很大程度还原 GO，但是有些含氧官能团很难去除，而且由于氧化过程造成的缺陷无法恢复。因此，制备高质量的石墨烯，前期氧化过程也很重要，制备低氧化度的 GO 也是关键步骤。第二，已报道的电化学还原法制备石墨烯的产量有限。主要是由于 GO 与电极表面接触与否、接触质量直接影响到电化学还原。另外，电极的尺寸也影响石墨烯的产量。因此建立有效的大规模装置对于规模化生产也是有效的途径。第三，电化学还原的产物多以石墨烯膜的形式存在，限制了产物的应用。通过电化学参数等的调控，多样性产物的制备有利于电化学还原方法和石墨烯的应用。另外，对于电化学还原的机理也需要进一步的研究。一旦克服这些挑战，电化学还原方法在规模化制备高质量石墨烯中将发挥更多优势。

4

氧化石墨烯相变微胶囊的制备与性能

4.1 引言

相变材料在相变过程中吸收或释放大量的热量，可实现能量的储存、利用和温度的控制。因此，可被广泛应用于节能储能、建筑材料、航空航天以及热管理等领域。相变材料按相变形式主要可以分为固固相变和固液相变。固液相变材料是目前应用最广泛的相变材料，但其在熔融后相变为液相，具有流动性，需加以稳定才能使用。另外，相变材料在使用中存在一些缺陷，如腐蚀性、过冷、传热性能差等，限制了相变材料的应用。

相变胶囊是利用胶囊化技术，将要发生相变的物质包覆在成膜材料中，即使胶囊内的固液相变材料处于液态，也不会发生渗漏。从技术上克服了相变材料应用的局限性，提高了相变材料的稳定性和使用效率。相变微胶囊由内核材料和外壳材料两部分组成。相变材料微胶囊的粒径可以在 0.1~1mm，外壳的壁厚为 0.01~10μm，外形各种各样，但多为球形。目前，可作为微胶囊内核的固-液相变材料有结晶水合盐、共晶水合盐、直链烷烃、石蜡类、脂肪酸类、聚乙二醇等，其中结晶水合盐和石蜡类较为常用。外壳材料虽然也可以采用无机材料，如硅酸钙、金属等，但常用的是高分子材料，如脲醛树脂、蜜胺树脂、聚氨酯、聚甲基丙烯酸甲酯和芳香族聚酰胺等。有时为了提高囊壁的密闭性或热、湿稳定性，还将几种壁材联合使用，外壳材料的选取必须考虑到内核材料的物理性质和相变微胶囊的应用要求。例如，油溶性内核材料宜选用水溶性外壳材料，水溶性内核材料宜选用油溶性外壳材料；外壳材料要与内核相变材料相兼容即彼此无腐蚀、无渗透、无化学反应；外壳材料的熔点要高于内核相变材料的相变温度和应用过程中可能遇到的最高温度。实际应用中，相变微胶囊中的相变材料含量一般不超过微胶囊质量的 80%，相变热大多为 100~200kJ/kg。由于采用了独特的壳核结构，当内核的 PCM 发生固液相变时，外层的壳层保持固态，这样就解决了固-液相变材料相变时体积变化以及泄漏问题，并且还阻止了相变材料与外界环境的直接接触，从而起到保护相变材料的作用。另一方面由于粒径很小，比表面很大，相变微胶囊提供了巨大的传热面积，并且由于囊壁很薄，传热得到了很大的改善。采用相变微胶囊作为蓄热器填充材料，工艺简单、成本低，加上这些优异的特性，目前已经可以应用于功能流体、节能建筑材料、可控温纤维、太阳能利用等方面。

目前，相变胶囊材料的发展主要存在两方面的问题：一是单位质量的相变焓不高；其次是相变材料的热传递性能差、壁材脆性大的问题。微胶囊的壁材目前主要有无机材料和高分子材料两类。不同种类的材料具有各自的特点，但都存在一定的应用局限性。氧化石墨烯作为制备石墨烯的前驱体，也是一种二维的纳米材料，其本身也具有许多独特的性质。其性质与石墨烯基本相似，具有优异的力学性能和热性能。氧化石墨烯具有优异的柔韧性，能够牢固地包覆住相变材料。由于其本身的高导热导率，能够显著提高相变材料的导热性。而且氧化石墨烯具有阻燃性能，因此，氧化石墨烯可用作优异的壁材。本书以氧化石墨烯为Pickering 乳化剂，通过 Pickering 乳液模板法制备氧化石墨烯相变微胶囊。该相变微胶囊的囊壳完全由氧化石墨烯构成，芯壳比高，具有高的热存储效率和热稳定性。相较于其他乳液技术，Pickering 乳液模板法简单可控，无须加入其他表面活性剂，避免其对相变材料性能的影响。

4.2　相变微胶囊

4.2.1　概述

相变材料在使用中存在一些缺陷，如腐蚀性、过冷、传热性能差等，限制了相变材料的应用。相变胶囊是利用胶囊化技术，将要发生相变的物质包覆在成膜材料中，即使胶囊内的固液相变材料处于液态，也不会发生渗漏。从技术上克服了相变材料应用的局限性，提高了相变材料的稳定性和使用效率。相变微胶囊就是将特定温度范围的相变材料用某些高分子化合物或无机化合物以物理或化学方法包覆起来，制成直径在 $1\sim100\mu m$ 之间常态下稳定的固体微粒。相变微胶囊与其他微胶囊(缓释微胶囊、压敏微胶囊等)的不同之处在于壁材的选取和设计不同。缓释微胶囊、压敏微胶囊等类型的胶囊是希望微胶囊壁材在外界条件的作用下被破坏以达到特殊效果，而相变微胶囊的壁材则需要在外力作用下能够较长时间保持其完整性，以避免芯料的渗透。将相变材料封装在微胶囊中，可增大相变材料的比表面积，增大其导热系数；相变过程在胶囊内完成，可消除"相分离"和"过冷"现象；提高相变材料的稳定性，提高相变材料的耐久性，增加其使用寿命；便于封装，可满足绿色环保新型材料的要求。

相变微胶囊具有芯材和囊壳组成的核壳结构。相变微胶囊中被包裹的芯材与囊材的溶解性必须是相反的，即水溶性芯材只能用油溶性壁材进行包覆，而油溶性芯材只能用水溶性壁材进行包裹。为了能够进行微胶囊化，包囊膜的表面张力应小于芯材的表面张力，并且包囊材料不与芯材发生反应。

常用的芯材有石蜡类、醇类、酯类、无机盐、脂肪酸等单一相，有时为了得到不同温度范围的相变材料，可将几种材料相复合。

微胶囊壁材的选择对于微胶囊产品的性能起着决定性的作用。一般选择好芯材后，根据芯材的性质，来初步选择相应的壁材。选择时需要考虑的因素有周围介质的影响；壁材的固化，使微胶囊具有一定的强度；壁材的渗透性要小，使微胶囊相变过程中芯材不发生外泄；壁材的稳定性以及耐久性；壁材的化学结构及工艺性等。

虽然相变材料是微胶囊的核心，但囊壳材料的性能对于相变储能微胶囊的使用效能有重要影响。常见的囊壳多为有机高分子材料，主要包括聚乙烯、聚苯乙烯、聚酰胺、密胺树脂、聚甲基丙烯酸甲酯、明胶和壳聚糖等。有机材料囊壳型相变储能微胶囊具有稳定性好、封装性好、韧性好和制备工艺简单等优点，但存在热导率低、易燃、亲水性差等问题。由于无机材料热导率远高于有机材料，以无机材料如 SiO_2 和 $CaCO_3$ 等为囊壳的微胶囊具有传热性好、耐腐蚀和强坚固性等突出优点。但其制备工艺复杂，成囊性差，封装性能差。因此，使用有机或无机材料作为囊壳都存在一定的应用局限性。近年来，研究以有机和无机复合材料为囊壳，可发挥各自优点，弥补各自不足，优化相变微胶囊的性能。

相变微胶囊可应用于建筑、军事和纺织领域。

（1）建筑领域

从 20 世纪 90 年代以来，对相变材料的开发已逐步进入实用性阶段，可用于建筑节能的相变材料研制和封装研究是相变蓄能领域一个重要发展方向。德国 BASF 公司将相变材料封装在微胶囊中，制成石蜡砂浆，砂浆内含 10%~25%（质量分数）的石蜡微胶囊，即每平方米的墙面就含有 750~1500g 的石蜡微胶囊。厚度为 2cm 的此种砂浆其蓄热能力相当于厚度为 20cm 的砖木结构。纳米复合技术使胶囊尺寸进一步降低，胶囊表面积与体积的比率增大，有利于提高相变材料的传热速率。

（2）军事领域

红外探测是根据目标温度不同所导致的辐射差异来对目标进行判断和搜索的，一般来说，目标温度和外界环境温度相差 4℃ 就可以被红外设备探测侦查到。将相变微胶囊、涂料混合均匀后，涂覆在目标表面，就可以降低或者混淆目标的真实的红外辐射特征，使得红外设备侦测不到目标物质，从而降低目标被打击的概率。

（3）纺织领域

自美国 NASA 将相变微胶囊技术应用到纺织品上，制备得到了蓄热调温织物，相变微胶囊在纺织领域的应用引起了广泛的关注。蓄热调温织物将相变材料与纺织品复合，当外界环境温度发生变化时，利用相变材料在相转变时吸收和放出一定潜热，起到控温的功能。目前，可通过浸渍法或者浸轧等方法将相变微胶囊乳液处理到纺织品上，得到相变调温织物。美国 Outlast 公司已经研制出包含相变微胶囊的聚丙烯腈纤维，并且应用于纺织领域。

4.2.2　相变微胶囊的制备方法

相变材料的微胶囊化可以提高相变材料的传热面积和稳定性，其制备工艺方便、简单、反应速度快、效果好，也不需昂贵复杂的设备，可以在常温下操作。相变微胶囊的主要制备方法有如下三种方法：（1）化学法：界面聚合法、原位聚合法和锐孔凝固浴法；（2）物理法：空气悬浮成膜法、喷雾干燥法、真空蒸发沉积法和静电结合法；（3）物理化学法：水相分离法、油相分离法、复凝聚法、干燥浴法(副相乳液法)、熔化分散法、冷凝法和粉床法。其中，化学法是指利用小分子物质发生聚合反应对相变材料进行包覆的方法。物理法是指利用机械或物理的方法，通过特制的制备装置来进行微胶囊的制备。物理化学法是指通过改变反应条件(包括改变温度、pH 值、电解质的加入)，使得壁材单体发生聚合完成对相变材料的包覆。根据凝聚原理的不同，可以分为单凝聚和复凝聚法。目前，报道较多的制备方法主要是物理化学法以及化学方法。

（1）原位聚合法

胶囊化的过程中，通常成壳单体及催化剂全部位于相变材料乳化液滴的内部或外部，要求单体可溶而生成的聚合物不可溶。所以聚合反应在芯材液滴的表面上发生。在液滴表面上，聚合单体产生相对低分子量的预聚物，当预聚物尺寸逐步增大后，沉积在芯材物质的表面，由于交联及聚合的不断进行，最终形成固体的胶囊外壳，所生成的聚合物薄膜可覆盖芯材液滴的全部表面。均聚、共聚、缩聚等高分子反应都可用原位聚合法制备微胶囊。Huang 等人采用两步的原位聚合法，以脲醛树脂为壁材，并用羧甲基纤维素改性其性质，得到了 $10\mu m$ 半径的微胶囊颗粒，其微胶囊的相变潜热为 50.33J/g，经过改性后，相变微胶囊具有良好的耐热性和稳定性，且可以在 95℃下保持其稳定(图 4.1)。

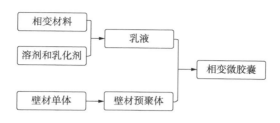

图 4.1　原位聚合法制备微胶囊

（2）界面聚合法

在界面聚合法制备微胶囊的工艺中，胶囊外壁是通过两类单体的聚合反应而形成的。参加聚合反应的单体至少有两种，其中必须存在两类单体，一类是油溶性的单体，另一类是水溶性的单体。将两种亲疏水性不同的单体和催化剂分别溶解在两种互不相混溶液中，以形成油包水（W/O）或水包油（O/W）的相变材料乳化体系。两种聚合单体分别从分散相（芯材乳化液滴）和连续相向其界面移动，在两相界面上进行缩聚反应生成聚合物壁材，包覆芯材液滴以形成微胶囊。界面聚合法有反应速度快、反应条件温和、对反应单体纯度要求不高、原料配比要求不严等优点。具体聚合方式如图 4.2 所示。

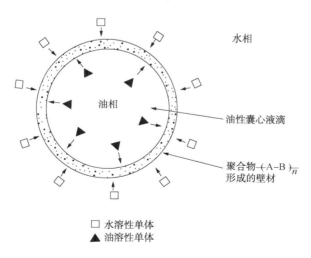

□ 水溶性单体
▲ 油溶性单体

图 4.2　界面缩聚反应制备微胶囊

（3）溶胶凝胶法

将含高化学活性组分的前驱体均匀溶于溶剂中，通过溶质与溶剂发生水解或醇解反应形成稳定透明的胶体体系——溶胶。溶胶中的胶粒间经过缓慢的缩合反应会形成具有三维空间网络结构的凝胶。凝胶网络间充满了失去流动性的溶剂，经过干燥烧结等处理，将相变材料包裹在凝胶固化后形成的材料，得到微胶囊。Tang 等利用溶胶凝胶法制备得到了正十八烷@ SiO_2 MEPCMs，TG 的测试表明了微胶囊具有优异的热稳定性，并且其融化潜热为 227.66J/g，正十八烷的融化潜热为 239.32J/g，包覆率能够达到 95.13%（质量），具有非常优异的热存储能力。

（4）乳液聚合法

材料单体在油相，引发剂在水相，在水包油体系中乳液液滴表面发生聚合反应，形成壁材，最后通过过滤烘干等工艺得到微胶囊。Ma 等人使用乳液聚合法，用紫外光照射使甲基丙烯酸甲酯壁材发生反应，并且成功地包覆住石蜡芯材，其制备的相变微胶囊具有优异的性质，相变微胶囊的相变潜热可达到 101J/g，包覆率为 61.2%（质量），并且在热循环测试下表面其相变微胶囊具有较好的热稳定性。

（5）复凝聚法

由两种或多种带有相反电荷的聚合物材料作囊壁材料，将芯材分散在囊壁材料水溶液中，在适当条件下（例如 pH 值、温度、稀释、无机盐电解质等），使得相反电荷的高分子材料间发生静电作用互相吸引后，溶解度降低并产生相分离，体系分离出的两相分别为稀释胶体相和凝聚胶体相，胶体自溶液中凝聚出来。这种凝聚现象称为复凝聚。为了顺利实现复凝聚，必须使两种相关聚合物离子的电荷截然相反，并且具有最佳的混合比，调节体系的温度和盐含量，以促进复凝聚产物的形成。在明胶-阿拉伯树胶溶液中进行的复凝聚化如图 4.3 所示。

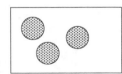 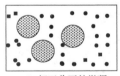 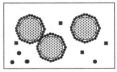 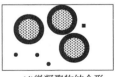

| (a)芯材在明胶-阿拉伯树胶溶液中分散 | (b)相互分开的微凝聚物从溶液中析出 | (c)微凝聚物在芯材表面上逐渐沉析 | (d)微凝聚物结合形成微胶囊的壁材 |

图 4.3　复凝聚微胶囊化过程

4.2.3　氧化石墨烯相变微胶囊的制备方法

由于氧化石墨烯表面带有大量的含氧官能团，其能与聚合物中的极性基团形成较好的化学键或者极性相互作用，使得 GO 能稳定地分散在聚合物中。同时，氧化石墨烯具有大的比表面积和高的表面活性，氧化石墨烯片层具有较大的长径比，可以在基体材料中首尾相接，形成有序团聚，使得热流在氧化石墨烯形成的有序网格结构中迅速传递，可以提高复合物的导热系数，因此氧化石墨烯常用于改性相变微胶囊。

吴炳洋等人采用原位聚合法制备了以三聚氰胺-甲醛尿素树脂为壁材、以正十六烷为芯材的相变微胶囊。在此条件下制得的相变微胶囊成圆球形，具有良好的分散性，相变潜热为 171.8J/g，包覆率为 86.6%，具有理想的储热性能。但相变微胶囊的导热系数和热扩散率分别只有 0.053W/mK 和 0.238m²/s，这限制了相变微胶囊实际应用的效果。为了提升相变微胶囊的导热性能，改善过冷现象。以石墨烯作为改性剂制备了具有理想导热性能、较高相变潜热的石墨烯改性相变微胶囊。实验结果显示，相变微胶囊普遍呈圆球形，粒径分布较为均匀且具有较好的分散性。石墨烯被成功包覆在相变微胶囊中，且微胶囊的结晶程度高，晶型较为理想。相变微胶囊的导热性能随着石墨烯含量的增大逐渐增大，并且芯材的过冷现象得到了明显的改善。

童晓梅等人采用悬浮聚合法制备了以氧化石墨烯改性甲基丙烯酸甲酯-丙烯酸共聚物为壁材，固体石蜡为芯材的相变储热微胶囊。扫描结果表明，氧化石墨烯的加入未改变甲基丙烯酸甲酯-丙烯酸共聚物的化学结构，且当芯壁比为 4∶10，氧化石墨烯含量为 0.6% 时，氧化石墨烯在壁材中分布均匀，微胶囊的平均产率为 87.41%，平均包覆率为 71.06%。并且微胶囊呈规则球形，平均粒径为 200μm，相变焓为 73.5J/g。经改性后，提高了相变材料的储热密度和热性能，微胶囊热性能增加，机械强度提高，并且具有较好的化学稳定性。郭军红等通过悬浮聚合法制备得到了 PS/硬脂酸丁酯相变微胶囊，添加质量分数为 0.6% 的氧化石墨烯，渗透性被降低了 32.17%，并且胶囊的硬度从 5.83MPa 增大到 11.79MPa，同时也改善了微胶囊的热稳定性和对水的亲和性。

张丽等人在预聚体制备过程将 GO 引入密胺树脂预聚体中，再通过原位聚合法制备 GO 改性 MF 壁材的微胶囊。结果表明在石蜡乳化阶段加入 GO，适量 GO 能够提高 MEPCMs 的机械性能，随着 GO 分散液的浓度增大，改性 MEPCMs 的粒径从 8.265μm 逐渐增加到 24.098μm，而没有改性的 MEPCM-00 的粒径为 5.63μm；适量 GO 对壁材的改性能够提高 MEPCMs 的机械性能，但是过量 GO 会导致 MEPCMs 的机械性能下降，并使包覆性能下降明显具体表现为破损率增大；同时添加 GO 能提高 MEPCMs 的导热性能，当 GO 分散液的浓度为 3.0mg/mL 时，热导率可以增加至 65.0%。

Zhang 等人利用氧化石墨烯的两亲性，利用 Pickering 乳液法制备石蜡乳液，并通过添加水合肼进行化学还原，制备了石蜡@石墨烯微胶囊相变材料，并且

GO 在化学还原过程中不与石蜡发生反应，得到的微胶囊为规则球形。在还原反应过程中，GO 的亲水性减弱，亲脂性增强，GO 的稳定作用减弱，导致液滴近距离靠近，两个或多个液滴聚成较大的液滴，最终导致石蜡@石墨烯微胶囊的粒径变大。这种使用 GO 改性的相变微胶囊的包覆率高达 78.5%（质量），同时这些微胶囊的石蜡含量为 99% 甚至更高。石墨烯作为壳材料，在不影响相变温度的情况下，使石蜡的相变潜热由 227.6J/g 提高到 232.4J/g。并且相变微胶囊的热稳定性及潜热都因为 GO 的加入得到了有效的提高。具有分离结构的聚晶材料导热系数高达 0.418W/mK，是石蜡导热系数的 2.34 倍。

Dao 等人利用 Pickering 乳液法来制备新型硬脂酸（Stearic Acid，SA）/石墨烯微胶囊，使其具有石墨烯壳封装 SA 芯，熔融 SA 的油相可以很容易地被石墨烯 Pickering 稳定剂包裹并稳定在水介质中。SA 芯的凝固后可形成形状稳定的相变复合微胶囊。该复合材料具有用于潜热储能的主动相变 SA 芯和防止相变过程中 SA 芯液相泄漏的超薄石墨烯壳。在约 1%（质量）的极低石墨烯含量下实现形状稳定性，使活性 SA 芯材具有超高含量，高达约 99%（质量），最大化复合材料的储能量。此外，由于石墨烯的导热壳，复合材料的导热性得到了提高。并且，具有优异热稳定性和阻隔性能的石墨烯壳可以有效地作为 SA 核的保护层，提高复合材料的热稳定性。

4.3 氧化石墨烯/鲸蜡醇相变微胶囊的制备

Pickering 乳液模板法制备氧化石墨烯/鲸蜡醇相变微胶囊的具体过程：称取一定量的鲸蜡醇，在 80℃加热融化。量取 10mL 的 4mg/mL 的氧化石墨烯溶液，与融化后的相变材料混合搅拌，使得氧化石墨烯掺量分别 2%、6% 和 10%。加入质量分数为 3% 的 HCl，调整混合液的 pH 值为 2，在 2500r/min 转速下搅拌 2min，得到稳定的 Pickering 乳液。经冷却成囊析出，室温干燥后得到氧化石墨烯鲸蜡醇微胶囊。

4.4 氧化石墨烯/鲸蜡醇相变微胶囊的结构与性能

4.4.1 氧化石墨烯/鲸蜡醇相变微胶囊的影响因素

4.4.1.1 氧化石墨烯浓度的影响

量取不同浓度的 10mL 氧化石墨烯溶液（0.5mg/mL、1mg/mL、2mg/mL 和 4mg/mL），加入 10mL 在 80℃下加热融化的鲸蜡醇中，通过圆周振荡器在低速进行混合。图 4.4 为不同浓度的氧化石墨烯制备的乳液的照片。可以看出，随着氧化石墨烯浓度的增加，乳液体积增加，油相颜色加深，说明氧化石墨烯包裹油滴的能力增加。图 4.5 为不同浓度的氧化石墨烯(0.5mg/mL、1mg/mL、2mg/mL 和 4mg/mL)产生的乳液的显微镜图。在显微镜下可以观察到微米级的乳滴。乳滴呈现规则的球形。随着氧化石墨烯浓度的增加，乳滴的粒径减小。当氧化石墨烯浓度从 0.5mg/mL 提高到 4mg/mL，乳液的粒径从 300μm 左右降到 100μm 左右。因此合适的选择氧化石墨烯的浓度非常重要。

图 4.4　不同浓度的氧化石墨烯制备的乳液的光学照片

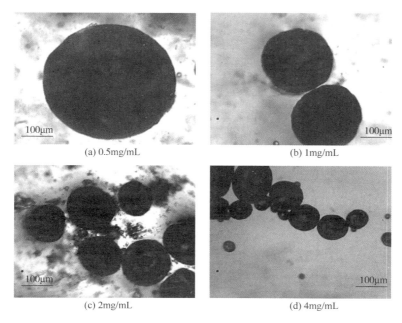

(a) 0.5mg/mL

(b) 1mg/mL

(c) 2mg/mL

(d) 4mg/mL

图 4.5　不同浓度的氧化石墨烯制备的乳液的显微镜图

图 4.6 为不同浓度的氧化石墨烯制备的乳液的粒径分布图和平均粒径图。可以看出，乳液的粒径分布在几十到几百微米。随着氧化石墨烯浓度从 0.5mg/mL 增加到 4mg/mL，乳液的平均粒径从 350μm 左右降到 115μm。这一结果与显微镜图结果相吻合。

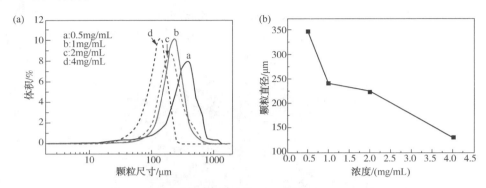

图 4.6 不同浓度的氧化石墨烯制备的乳液的粒径分布图(a)和平均粒径图(b)

4.4.1.2 pH 值的影响

量取 10mL 的氧化石墨烯溶液(0.5mg/mL)，加入 10mL 在 80℃下加热融化鲸蜡醇中。配制 1mol/L HCl 和 NaOH 溶液，调节乳液的 pH 值，通过圆周振荡器在低速进行混合。图 4.7 为不同 pH 下制备的乳液的光学照片。可以看出，当调节 pH 为 2 时，乳液体积增加，形成稳定的乳液。此时乳液相的体积分数最大，氧化石墨烯几乎完全分散于乳液当中，体系下层是澄清的水相。在体系里当 pH 值增加至 6，会发现乳液的体积出现了明显的减小。相当数量的氧化石墨烯被转移分散到了水相，可以看出随着体系 pH 值的增加，水的颜色也越来越深。这说明越来越多的氧化石墨烯分散到了水相中，进一步说明了氧化石墨烯由于 pH 值的

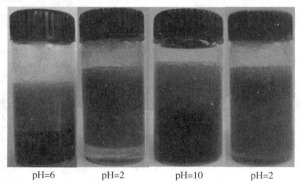

图 4.7 不同 pH 值时制备的乳液的光学照片

影响，在水油界面的吸附性降低了。pH 值越大，体系中的水相就越多，而乳液的稳定性会越来越差。当 pH 值增至 10 的时候，只有在油相与水相的交界处会出现极少量的乳液，而且很难稳定存在。

如图 4.8 所示，可以看出，当 pH 值较低(pH=2)时，乳液中液滴较多，而且液滴尺寸比较均匀，表现出良好的分散性。随着 pH 值的逐渐增加，体系中液滴的数量呈现减少的趋势，并且乳液的粒径明显增大。当体系中 pH 值增大至 10 时，氧化石墨烯中所含有的羧基会发生电离的情况，这样会使氧化石墨烯的活性降低，不利于其在体系中乳滴表面的吸附，液滴开始聚集增大进而导致油水相产生分离。在酸性条件下，制备的乳液更加稳定，粒径更小。这主要是由于在碱性环境下，氧化石墨烯的羧基电离增加，氧化石墨烯亲水性提高，氧化石墨烯在水相稳定分散，不能产生稳定的乳液。相反，在碱性环境下，H^+ 增多，羧基电离减少，氧化石墨烯疏水性增加，导致氧化石墨烯在油-水界面吸附，形成稳定的乳液。由此可知，pH 值会影响氧化石墨烯的表面活性，使氧化石墨烯微粒在乳液液滴表面的吸附性受到影响，进而会对体系里乳液的稳定性造成影响。

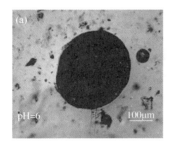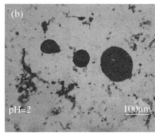

图 4.8　不同 pH 值时制备的乳液的显微镜图像

4.4.1.3　氧化石墨烯掺量的影响

图 4.9 为不同掺量的氧化石墨烯制备的乳液的粒径分布图。可以看出，乳液的粒径分布在 10～100μm。随着氧化石墨烯掺量的增加，乳液的平均粒径从 105μm 左右降到 73μm 左右，粒径逐渐减小，但变化不是很大。

4.4.2　氧化石墨烯相变微胶囊的结构

图 4.10 为氧化石墨烯相变微胶囊的 SEM 图。从图中可以看出氧化石墨烯相变微胶囊呈规则的球形形貌，但颗粒的尺寸大小不一。氧化石墨烯相变微胶囊的平均尺寸在 100μm 左右，与激光粒径的测试结果相吻合。在球形颗粒表面可以看到氧化石墨烯褶皱的存在。这说明氧化石墨烯通过自组装包覆在相变材料乳滴表面，形成核-壳包覆结构。由于包覆在颗粒表面的氧化石墨烯表面存在带负电

的含氧官能团，颗粒间静电排斥，微胶囊间不会发生团聚。

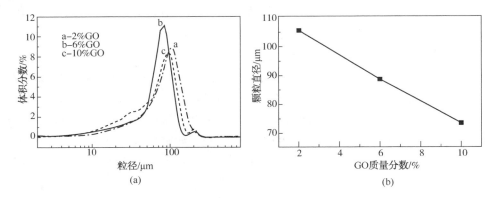

图4.9 不同掺量的氧化石墨烯制备的乳液的粒径分布图(a)和平均粒径图(b)

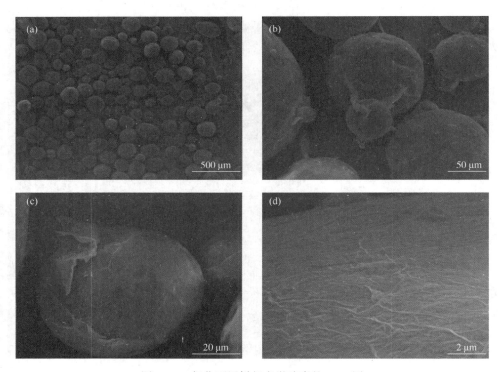

图4.10 氧化石墨烯相变微胶囊的SEM图

图4.11为氧化石墨烯相变微胶囊断面的SEM图。可以看出在球形颗粒内部结晶的部分为相变材料，在其表面包覆有氧化石墨烯外壳，氧化石墨烯和相变材料形成核-壳包覆结构。说明通过氧化石墨烯在Pickering乳液三维界面的自组

装，氧化石墨烯吸附在油水界面，在相变材料表面进行包覆，形成氧化石墨烯相变微胶囊。微胶囊的结构规则，呈现球形，具有良好的微胶囊的结构。

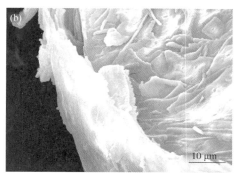

图 4.11 氧化石墨烯相变微胶囊截面的 SEM 图

图 4.12 为氧化石墨烯、鲸蜡醇和微胶囊的 FT-IR 谱图。在鲸蜡醇谱图中，位于 2914cm^{-1} 和 2852cm^{-1} 处的吸收峰为 -CH$_2$ 的伸缩振动峰。位于 1430cm^{-1} 处的吸收峰为 C—H 的弯曲振动峰。C—O 的伸缩振动峰出现在 1070cm^{-1} 处。在 3280cm^{-1} 和 725cm^{-1} 处的吸收峰分别为 O—H 的振动吸收峰和面内摇摆震动吸收峰。在氧化石墨烯谱图中存在多个特征峰。在 3397cm^{-1} 和 1396cm^{-1} 处出现 O—H 的振动吸收峰和变形吸收峰，1720cm^{-1} 处出现 C=O 的伸缩振动吸收峰，1226cm^{-1} 处出现 C—O—C 的伸缩振动峰，1043cm^{-1} 处出现 C—O 的伸缩振动峰。而在氧化石墨烯相变微胶囊中除上述吸收峰外并没有出现新的吸收峰，说明氧化石墨烯和鲸蜡醇间并没有化学反应。但是 C=O(1729cm^{-1}) 相对于氧化石墨烯谱图位置发生红移，说明氧化石墨烯和鲸蜡醇间存在氢键。

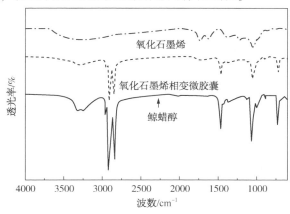

图 4.12 氧化石墨烯、鲸蜡醇和氧化石墨烯相变微胶囊的 FT-IR 谱图

4.4.3 氧化石墨烯/鲸蜡醇相变微胶囊的性能

4.4.3.1 储热性能

图 4.13 为鲸蜡醇及相变微胶囊的 DSC 升温和降温曲线。通过 DSC 曲线分析得到的相变温度(T_m、T_f)和相变潜热(ΔH_m、ΔH_f)数据见表 4.1。从图中可以看出,在鲸蜡醇的升温曲线中在 50.19℃ 处出现一个熔融峰,而降温曲线中在 47.1℃ 和 41.21℃ 出现两个结晶峰。这主要是亚稳态固相转变的存在。在液-固转变过程中,首先由液态到亚稳固态,随后再转变为固态。随着氧化石墨烯掺量的增加,微胶囊的结晶温度降低,这主要是由于氧化石墨烯的包覆结构以及氧化石墨烯与鲸蜡醇间氢键的作用限制了鲸蜡醇分子的运动和重排。

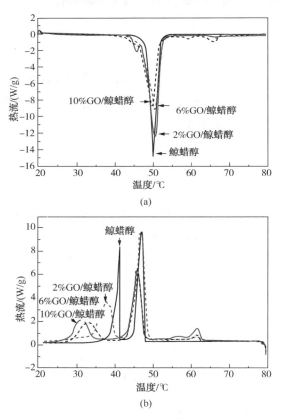

图 4.13 鲸蜡醇及氧化石墨烯相变微胶囊的 DSC 升温曲线(a)和降温曲线(b)

见图 4.14 和表 4.1,随着氧化石墨烯掺量增加,相变潜热减小。这主要是由于氧化石墨烯没有发生相变。当氧化石墨烯掺量为 6% 时,相变潜热降低 6.9%。

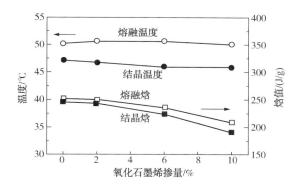

图 4. 14   氧化石墨烯相变微胶囊的相变性能与氧化石墨烯掺量的关系曲线图

表 4.1   鲸蜡醇和氧化石墨烯相变微胶囊的 DSC 数据

样品	$T_m/℃$	$\Delta H_m/(J/g)$	$T_f/℃$	$\Delta H_f/(J/g)$	η
鲸蜡醇	50.19	250.9	47.1	244.3	100%
2%GO/鲸蜡醇	50.55	249.4	46.82	243.7	100%
6%GO/鲸蜡醇	50.59	234.4	45.99	222.9	100%
10%GO/鲸蜡醇	49.89	210.6	45.9	192	90.3%

相变材料的热存储效率的计算公式如下：

$$\eta = (\Delta H_{m,MePCM} + \Delta H_{c,MePCM})/M(\Delta H_{m,PCM} + \Delta H_{c,PCM}) \qquad (4.1)$$

式中，η 是相变材料的热存储效率，M 是微胶囊中相变材料的质量分数。$\Delta H_{m,MePCM}$ 和 $\Delta H_{c,MePCM}$ 分别是相变微胶囊的熔融焓和结晶焓，$\Delta H_{m,PCM}$ 和 $\Delta H_{c,PCM}$ 分别是相变材料的熔融焓和结晶焓。从表中可以看出，当氧化石墨烯掺量为 6% 时，相变材料的热存储效率仍为 100%。当氧化石墨烯掺量为 10% 时，相变材料的热存储效率降低到 90.3%。

4.4.3.2   形态稳定性

图 4. 15 是氧化石墨烯相变微胶囊在 80℃ 下加热 30min 后的光学照片。从图中可以看出，鲸蜡醇加热后完全融化成液态。当氧化石墨烯掺量为 2% 时，加热后氧化石墨烯相变微胶囊中有部分相变材料液化流出。当氧化石墨烯掺量大于 6% 时，加热后无相变材料液化流出。说明氧化石墨烯形成的包覆壳有效阻止了相变材料液化泄漏。

在显微镜下观察加热过程中氧化石墨烯相变微胶囊的形态变化。图 4. 16 为氧化石墨烯相变微胶囊在 80℃ 下加热 30min 后的显微镜图。可以看出，当氧化石墨烯掺量为 2% 时，加热后微胶囊内相变材料液化，微胶囊尺寸变大，氧化石墨烯形成的包覆壳出现破损，说明氧化石墨烯包覆壳并不能有效阻止液体泄漏。当氧化石墨烯掺量大于6%时，加热后微胶囊形态无变化，相变材料液化后没有发生泄漏，说明氧化石墨烯形成的包覆壳有效阻止了相变材料液化泄漏。

图4.15　氧化石墨烯相变微胶囊在80℃下加热30min前(a)和后(b)的光学照片

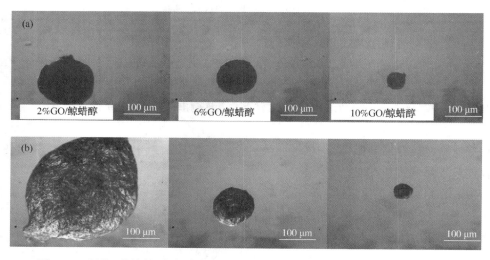

图4.16　氧化石墨烯相变微胶囊在80℃下加热30min前(a)和后(b)的显微镜图

4.4.3.3　热稳定性能

根据以上结果，对氧化石墨烯掺量为6%的氧化石墨烯相变微胶囊进行热稳定性测试。图4.17是氧化石墨烯、鲸蜡醇和氧化石墨烯相变微胶囊的 TG 曲线。鲸蜡醇在145℃时质量开始减少，在225℃是质量损失达到100%。而氧化石墨烯经历两个明显的失重阶段。首先在升温到150℃时，氧化石墨烯片层中的水分子的挥发造成失重。在大于150℃，含氧官能团的去除造成失重。从图中可以看出，相变微胶囊存在两个阶段的失重，分别在150~245℃和245~325℃，最终质量损失为85.6%，说明氧化石墨烯包覆壳抑制鲸蜡醇分子的热解，相变微胶囊的热稳定性明显提高。

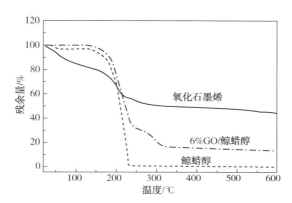

图 4.17　氧化石墨烯、鲸蜡醇和氧化石墨烯相变微胶囊的 TG 曲线

如图 4.18 所示，在经历 100 次冷热循环后，6%GO/鲸蜡醇相变微胶囊的熔融温度和结晶温度分别改变-0.5℃和0.22℃，相变温度变化不大。而氧化石墨烯相变微胶囊的熔化潜热和结晶潜热分别降低0.2%和0.8%。说明氧化石墨烯相变微胶囊具有循环稳定性。

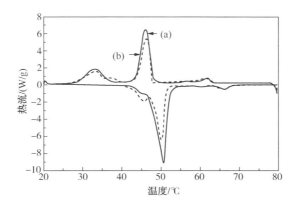

图 4.18　6%GO/鲸蜡醇相变微胶囊冷热循环前(a)和100次后(b)的 DSC 曲线

图 4.19 为 6%GO/鲸蜡醇相变微胶囊冷热循环前后的红外谱图。在冷热循环前的氧化石墨烯相变微胶囊的谱图中，位于2914cm⁻¹和2852cm⁻¹处的吸收峰对应于-CH₂的伸缩振动峰。位于1430cm⁻¹处的吸收对应于C—H的弯曲振动峰。C—O的伸缩振动峰出现在1070cm⁻¹处。在3280cm⁻¹和725cm⁻¹吸收峰分别为O—H

的振动吸收峰和面内摇摆震动吸收峰。在 1729cm⁻¹ 出为 C═O 的伸缩振动峰。从图中可以看出热循环前后并没有新的特征峰出现，说明氧化石墨烯相变微胶囊具有化学稳定性。

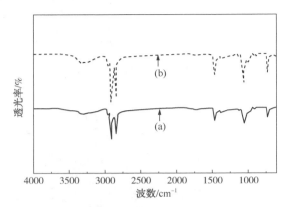

图 4.19　6%GO/鲸蜡醇相变微胶囊冷热循环前(a)和 100 次后(b)的 FT-IR 图

图 4.20 为冷热循环 100 次后微胶囊的 SEM 图，从图中可以看出，冷热循环后微胶囊颗粒仍呈现规则的球形。与循环前的 SEM 图相比，虽然在部分球形颗粒表面出现小裂缝，但是形态没有明显改变，维持了微胶囊的结构稳定。说明氧化石墨烯相变微胶囊具有结构稳定性。

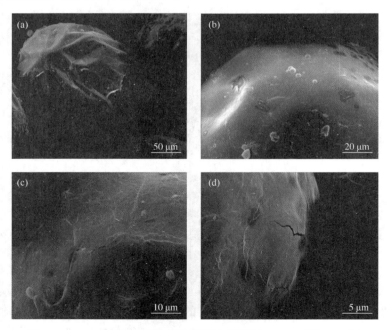

图 4.20　6%GO/鲸蜡醇相变微胶囊冷热循环 100 次后的 SEM 图

4.5 小结

相变材料是一种利用相变过程实现热能储存和释放的功能材料。有机相变材料具有较高的潜热，低的过冷度和稳定性较好，得到广泛的应用。但它的导热系数小，并且在固-液相变过程中发生泄漏，限制了其应用。目前可采用制备微胶囊相变材料来解决这些问题。相变微胶囊是将相变材料包覆在成膜材料中，防止相变材料发生泄漏，提高相变材料的稳定性和使用效率。微胶囊的制备方法主要有原位聚合法、界面聚合法和凝聚法等。目前，相变胶囊材料的发展主要存在两方面的问题：一是单位质量的相变焓不高；二是相变材料的热传递性能差，壁材脆性大的问题。氧化石墨烯作为制备石墨烯的前驱体，也是一种二维的纳米材料，其本身也具有许多独特的性质。具有优异的力学性能和热性能。氧化石墨烯具有优异的柔韧性，能够牢固的包覆住相变材料。由于其本身的高导热率，能够显著提高相变材料的导热性。而且氧化石墨烯具有阻燃性能，因此，氧化石墨烯可用作优异的壁材。

氧化石墨烯能够作为 Pickering 乳化剂乳化鲸蜡醇相变材料，形成稳定的 Pickering 乳液。氧化石墨烯能够作为 Pickering 乳化剂乳化鲸蜡醇相变材料，形成稳定的 Pickering 乳液。Pickering 乳液的稳定性和粒径与氧化石墨烯的浓度、掺量和体系的 pH 值有关。随着氧化石墨烯浓度和掺量的增加，Pickering 乳液的粒径减小。在酸性环境下，Pickering 乳液更稳定。这主要是由于 pH 值影响氧化石墨烯的表面活性。溶液为酸性时，氧化石墨烯的羧基电离减少，疏水性增加，导致氧化石墨烯在油-水界面吸附，形成稳定的乳液。通过 Pickering 乳液模板法能够制备氧化石墨烯相变微胶囊。氧化石墨烯相变微胶囊具有规则的球形结构。研究结果表明：随着氧化石墨烯掺量的增加，相变微胶囊的相变潜热降低，但其热稳定性提高。当氧化石墨烯掺量为 6% 时，氧化石墨烯相变微胶囊相变潜热降低 6.9%，形态稳定性和热稳定性明显提高。氧化石墨烯相变微胶囊经过 100 次冷热循环后，熔融温度和结晶温度分别改变 -0.5℃和 0.22℃。熔化焓和结晶焓分别降低 0.2% 和 0.8%。说明氧化石墨烯相变微胶囊具有良好的循环热稳定性。

5

三维网状石墨烯相变复合材料的制备与性能

5.1 引言

在能源短缺问题日益严重的背景下，提高能源利用效率成为研究关注的重要课题。相变材料是一种潜热储能材料，在发生相态变化时能吸收或释放大量潜热，而温度不发生变化，从而达到控制温度和能源利用的目的。因此，相变材料在太阳能热能储存、建筑调温、空调节能以及电子器件热管理等领域得到广泛的应用。有机相变材料主要包括石蜡、高级脂肪酸、醇类、芳香烃和聚合物材料等，具有较高的潜热，低的过冷度和稳定性较好。但有机相变材料存在热导率低 $[0.1 \sim 0.6 W/(m \cdot K)]$ 以及在固-液相变过程中容易发生泄漏等问题，限制其应用。因此，如何有效提高相变材料的导热性能和形态稳定性成为扩大相变材料的应用范围的重要研究课题。

目前，能够有效地解决这些问题的方法之一是制备复合定形相变材料。将相变材料封装在具有良好导热性能的多孔支撑材料内，既防止相变材料流动渗漏，也可进行强化传热。碳材料如膨胀石墨、氧化石墨烯、石墨烯纳米片等具有优异的导热性能，作为导热支撑材料可提高复合相变材料的传热性能。特别是石墨烯作为一种二维纳米材料，具有优异的热学 [单层热导率可达 $5300 W/(m \cdot K)$] 和力学等性能，是近年来科研工作者的研究热点。石墨烯是碳原子以六元环状周期性排列的二维晶体，厚度为一个碳原子层（0.35nm）。独特的二维结构赋予其诸多优异的性能。单层石墨烯热导率可达 $5300 W/(m \cdot K)$。并且石墨烯能够吸附相变材料等特性，这些都使得石墨烯可用于制备定型相变复合材料。但是石墨烯其作为一种二维的材料也存在着容易聚集等缺点。石墨烯片层存在的较强范德华力使石墨烯发生不可逆的团聚和重叠，从而使石墨烯的可接触面积减小，同时由于石墨烯片层间的接触电阻较大使石墨烯的导电性出现下降。基于二维石墨烯的这

98

些不足，三维网状石墨烯在很大程度上可以克服二维石墨烯所存在的这些不足，同时使二维石墨烯发挥其比表面积大、物理性质良好等固有优点。三维石墨烯作为宏观尺度构筑的一类新型多孔碳纳米材料，可以最大限度地保持石墨烯优异的固有特性，其具有的丰富的孔隙结构。超轻的密度、大比表面积和良好的力学性能。利用多孔的三维石墨烯作为定形支撑材料，对相变材料进行封装，能够提高相变材料的传热性能和稳定性。以氧化石墨烯为 Pickering 乳化剂，通过 Pickering 乳液模板研究三维网状石墨烯相变储能复合材料的一锅制备法。不同于目前已报道的两步复合法，以 Pickering 乳液为模板，同时完成氧化石墨烯自组装和还原，直接得到三维网状石墨烯相变储能复合材料块体，复合材料结构均匀。研究氧化石墨烯和三维网状石墨烯对相变储能复合材料的热性能的影响规律。此外，为进一步提高三维网状石墨烯对相变材料的导热增强作用，以氧化石墨烯为表面活性剂分散石墨烯纳米片（Graphene Nanoplates，GNPs），制备石墨烯纳米片/氧化石墨烯分散液。将其通过水热还原自组装制备成混杂三维网状石墨烯。混杂三维网状石墨烯与棕榈酸（Palmitic Acid，PA）通过真空浸渍法复合，制备混杂三维网状石墨烯相变储能复合材料。系统研究混杂三维网状石墨烯对于相变储能复合材料热性能的影响规律。

5.2　三维网状石墨烯相变复合材料

石墨烯在很多方面都具有十分优秀的性质与特点，但是石墨烯其作为一种二维的材料也存在着容易聚集等缺点。石墨烯片层存在的较强范德华力使石墨烯发生不可逆的团聚和重叠，从而使石墨烯的可接触面积减小，同时由于石墨烯片层间的接触电阻较大使石墨烯的导电性出现下降。二维石墨烯存在的这些问题限制了其在特定领域的应用。基于二维石墨烯的这些不足，三维网状石墨烯在很大程度上可以克服二维石墨烯所存在的这些不足，同时使二维石墨烯发挥其比表面积大、物理性质良好等固有优点。三维石墨烯作为宏观尺度构筑的一类新型多孔碳纳米材料，可以最大限度地保持石墨烯优异的固有特性，其具有的丰富的孔隙结构、超轻的密度、大比表面积和良好的力学性能。利用多孔的三维石墨烯作为定形支撑材料，对相变材料进行封装，能够提高相变材料的传热性能和稳定性。

5.2.1　三维网状石墨烯的制备方法

5.2.1.1　水热法

三维网状石墨烯在大多数情况下可以通过水热法制备。水热法是将氧化石墨烯溶液置于水热反应釜内，在 160~220℃下进行水热反应，石墨烯通过水热法反应之后，石墨烯的片层相互搭接，变成了三维网状结构。这种通过水热法所制得的三维网状石墨烯内部疏松多孔，拥有很大的比表面积，但其自身结构较为稳定，物理性质良好。Shi 等人就利用水热法成功地一步合成了具有上述三维网络状的石墨烯，所制备出的三维网状石墨烯具有较高的压缩模量、石墨烯的内部孔隙率很高，同时也拥有良好的导电、导热性。

5.2.1.2　溶胶-凝胶法

溶胶-凝胶法是准备好溶剂后，一般将反应物分散于其中，反应物在溶剂中发生水解与缩集反应，合成溶胶，进而生成凝胶，最后把生成物经过放置、干燥或特殊的热处理得到所需材料的一种工艺方法。通过溶胶-凝胶法制备的石墨烯片层结构锌锡氧化物的薄膜晶体管，呈现良好的电导率，其特殊的性能展现出较大的应用潜力。总的来说，通过溶胶-凝胶法制得的石墨烯相关材料质量高，但产物会对环境造成破坏与污染，不适用于大批量的生产。

5.2.1.3　模板法

（1）化学气相沉积法

模板法制备三维石墨烯的过程中，化学气相沉积法（CVD）是最典型的一种制备方法，在实际的应用中常常以泡沫镍作为模板，以烷烃作为碳源来使用，因为在高温下烷烃会发生分解，分解之后其产物会在泡沫镍中溶解扩散，之后通过快速降温的方式让碳析出，可以制成结构与其模板相似的三维石墨烯。该法制备的三维石墨烯具有质量高、均匀性好、形貌可控等优点，但制备成本高、制备过程复杂，虽能大面积制备但产量不高。

（2）固体模板法

在氧化石墨烯中放入三维网状石墨烯的制作模板，使三维模板表面被氧化石墨烯充分包裹，然后通过一系列还原、干燥和刻蚀模板过程来制备所需要的三维石墨烯，其中在模板的原料上大多数会选择使用泡沫镍和金属氧化物。除此之外，无机盐与聚合物（聚苯乙烯 Polystyrene，PS 微球）也可以被作为固体模板法的模板。

（3）冰模板法

利用冷冻干燥法单向冷冻制备 3D 多孔石墨烯材料的方法通常称为冰模板法，如 Vinod 等先使用超声波将一定量的六方氮化硼与氧化石墨烯分别进行超声处理，再将其经过 48h 的冷冻干燥，就可以得到三维的氧化石墨烯-氮化硼材料，该材料与传统的低密度泡沫材料相比，具有更高的综合力学性能和热稳定性，扩展了在复合材料方向上的研究空间。

（4）3D 打印法

使用光固化和纸层叠等技术制备三维网状石墨烯的方法称为 3D 打印法，这种快速成型技术的发展前景很好，越来越受到科研人员的关注。但是高熔点且疏水性强的石墨烯并不适合进行 3D 打印，所以要将表面活性剂加入氧化石墨烯水基墨水中，用来调节墨水的 pH 值，调节黏度，从而使用 3D 打印技术来制备出所需结构的三维石墨烯。

5.2.2　三维网状石墨烯相变复合材料的制备方法

目前，制备三维网状石墨烯复合相变材料通常需要两步：三维石墨烯的制备和真空浸渍法复合。Zhong 等通过水热法制备三维石墨烯气凝胶，而后利用真空浸渗法封装硬脂酸。研究结果表明，在三维石墨烯掺量为 20%（体积）时，复合材料的热导率为 2.635W/（m·K），提高了 14 倍。Yang 等通过真空冻干氧化石墨烯溶液（8mg/mL），并在 2800℃热还原 2h 得到高质量的三维石墨烯，再通过真空浸渍法与十八醇复合。在石墨烯为 5%（质量）时，热导率为 4.28W/（m·K），提高 18 倍，并且有良好的形态稳定性。石优等通过真空冻干氧化石墨烯溶液（8mg/mL），并在 2800℃热还原 2h 得到高质量的三维石墨烯，再通过真空浸渍法与十八醇复合。在石墨烯为 5%（质量）时，热导率为 4.28W/（m·K），提高 18 倍，并且有良好的形态稳定性。

5.3　三维网状石墨烯相变复合材料的制备

5.3.1　Pickering 乳液模板法制备三维网状石墨烯相变复合材料

目前，Pickering 乳液模板法被认为是制备聚合物多孔材料最为方便有效的方法之一。该方法简单易控，制备的多孔材料的结构和形貌可以通过改变模板的种类、大小、形状等参数方便地调节，并且低成本易于宏量制备。Pickering 乳液是胶体尺寸的固体颗粒（如纳米 TiO_2 和 SiO_2 颗粒）代替传统乳化剂使用制备的乳液，相较于传统乳液具有无毒、环境友好和乳液稳定性高等优点。氧化石墨烯（Graphene Oxide，GO）可视为是石墨烯表面和边缘处被含氧官能团修饰后的产物，这种独特的二维结构赋予其两亲性，能够作为 Pickering 乳液乳化剂使用。

目前，一些研究报道了氧化石墨烯作为 Pickering 乳化剂制备新型的石墨烯复合相变材料。复旦大学的 Ye 等以环己烷为油相并与石蜡混合，氧化石墨烯为

Pickering 乳化剂，通过水热法制备了三维核壳结构石墨烯/石蜡复合相变材料。复合相变材料的熔融焓和固化焓分别为 202.2J/g 和 213J/g，高于石蜡的相变焓，而其热导率为 0.274W/（m·K），较石蜡仅提高了 32%。研究表明，三维石墨烯的加入未降低复合相变材料的相变潜热，但热导率并没有得到显著提高。以氧化石墨烯稳定的 Pickering 乳液为模板制备复合相变材料的优势是氧化石墨烯本身既是乳化剂也是导热填料，复合相变材料的结构可根据 Pickering 乳液模板参数调控，而且避免了模板的去除。

图 5.1 为三维网状石墨烯相变复合材料的制备过程示意图。如图 5.1 所示，称取一定量的鲸蜡醇，在 80℃ 加热融化。量取一定量的 4mg/mL 的氧化石墨烯溶液，与融化后的相变材料混合搅拌。加入质量分数为 3% 的 HCl，调整混合液的 pH 为 2，在 2500r/min 转速下搅拌 2min，得到稳定的 Pickering 乳液。在乳液中加入对应量的水合肼，搅拌 2min。随后将反应容器在 90℃ 下静置反应 2h。反应完成后可得到自组装块状复合材料。可直接将产物取出，在 45℃ 烘箱内放置 24h 烘干。将不同石墨烯掺量（2%、6% 和 10%）的复合材料分别命名为 PCM1、PCM2 和 PCM3。

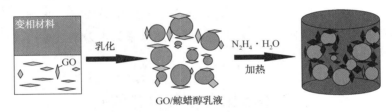

图 5.1　三维网状石墨烯相变复合材料的制备过程示意图

图 5.2 中为制备的石墨烯相变储能复合材料，可以看出通过 Pickering 乳液模板法可在反应完成后直接得到三维的复合材料块体。块体的大小可通过相变材料和氧化石墨烯用量进行控制。

5.3.2　混杂三维网状石墨烯相变复合材料的制备

采用水热法和真空浸渍法制备混杂三维网状石墨烯相变复合材料。图 5.3 为混杂三维网状石墨烯相变复合材料的制备过程示意图。配制浓度为 4mg/mL 的氧化石墨烯溶液。称量一定质量的石墨烯纳米片加入 60mL 的氧化石墨烯分散液，超声 2h。石墨烯纳米片与氧化石墨烯质量比分别为 0、1:4、1:2 和 1:1。

将上述混合分散液加入水热釜中，在 180℃ 下加热反应 24h。反应结束后，得到成型的石墨烯柱状体。真空冻干 24h，得到混杂三维网状石墨烯的气凝胶。

图 5.2   三维网状石墨烯相变复合材料的光学照片

将上述不同石墨烯纳米片与氧化石墨烯配比(0、1∶4、1∶2 和 1∶1)得到的气凝胶分别命名为 HGA0、HGA1、HGA2 和 HGA3。对其进行称重。采用真空浸渍法制备相变复合材料。将上述制备的混杂三维网状石墨烯和一定量的固态棕榈酸，加入表面皿中。将其放置于真空干燥箱中，进行抽真空 2h，排出混杂三维网状石墨烯孔结构中的气体。保持真空状态，将系统温度调升至 80℃ 进行加热。棕榈酸慢慢由固态变为液态，被混杂三维网状石墨烯逐渐吸附。反应时间为 2h。反应完毕，去除多余未被吸附到混杂三维网状石墨烯的相变材料，将样品取出、干燥和室温冷却。如图 5.3(b) 所示，将 HGA0、HGA1、HGA2 和 HGA3 制备的相变复合材料分别命名为 S0、S1、S2 和 S3。对相变复合材料进行称重。通过计算得到相变复合材料中石墨烯纳米片和还原氧化石墨烯的含量见表 5.1。

表 5.1   相变复合材料中石墨烯纳米片、还原氧化石墨烯和棕榈酸含量

样品	rGO/%(质量)	GNPs/%(质量)	PA/%(质量)
S0	6.57	0	93.43
S1	6.06	1.52	92.42
S2	5.12	2.57	92.31
S3	4.2	4.21	91.59

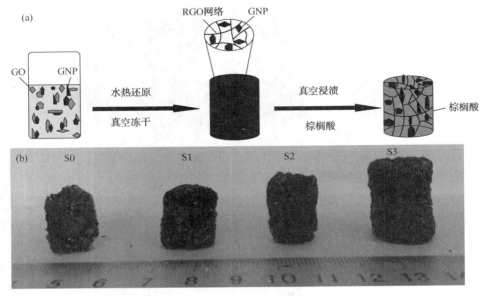

图 5.3　(a)混杂三维网状石墨烯相变复合材料制备过程示意图和(b)样品的光学照片

5.4　三维网状石墨烯相变复合材料的结构与性能

5.4.1　三维网状石墨烯相变复合材料的结构

图 5.4 为三维网状石墨烯相变复合材料的 SEM 图，从图中可以看出，石墨烯片层形成的三维网状结构将鲸蜡醇封装在石墨烯骨架内，形成了均匀的复合材料。氧化石墨烯在还原过程中以 Pickering 乳液为模板自组装并相互连接形成包覆鲸蜡醇的三维结构。

图 5.5 为去除鲸蜡醇后得到的石墨烯骨架的 SEM 图。从图中可以看出，还原的石墨烯形成了三维多孔网状结构，其孔径尺寸多为微米级。表明氧化石墨烯在还原过程中在 Pickering 乳液界面进行了自组装。

将三维石墨烯骨架进行 FT-IR 表征。图 5.6 为氧化石墨烯和三维石墨烯骨架的红外谱图。从图中可以看出，氧化石墨烯具有在 3397cm^{-1} 处的 O—H 的振动吸收峰、1396cm^{-1} 处的 O—H 的变形吸收峰、1720cm^{-1} 处 C＝O 的伸缩振动吸收峰、1226cm^{-1} 处的 C—O—C 的伸缩振动峰和 1045cm^{-1} 处的 C—O 的伸缩振动峰。而三维石墨烯骨架的各吸收峰均明显减弱甚至消失，说明氧化石墨烯得到有效的还原。

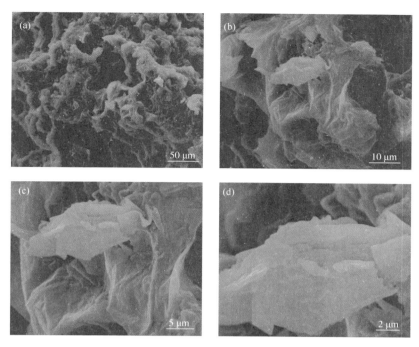

图 5.4　三维网状石墨烯相变复合材料的 SEM 图

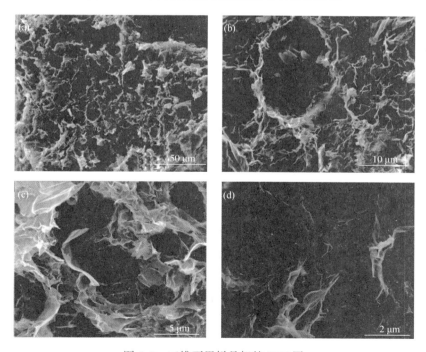

图 5.5　三维石墨烯骨架的 SEM 图

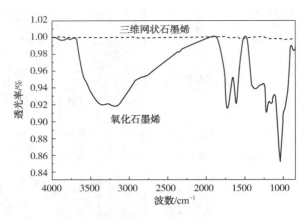

图 5.6　氧化石墨烯和三维石墨烯骨架的 FT-IR 谱图

图 5.7 为鲸蜡醇和三维网状石墨烯相变复合材料的 FT-IR 谱图，从图中可以看出，鲸蜡醇在 2914cm^{-1} 和 2852cm^{-1} 处（-CH$_2$ 的伸缩振动峰）、1430cm^{-1} 处（C—H 的弯曲振动峰）、1070cm^{-1} 处（C—O 的伸缩振动峰）以及 3280cm^{-1} 和 725cm^{-1} 处（O—H 的振动吸收峰和面内摇摆震动吸收峰）都出现吸收峰。而石墨烯相变复合材料的谱图中并没有新的特征峰出现，说明相变材料与石墨烯间没有化学反应，具有化学稳定性。

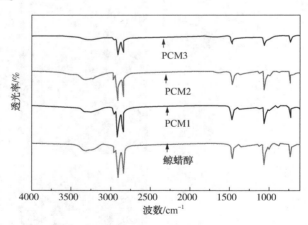

图 5.7　三维网状石墨烯相变复合材料的 FT-IR 谱图

5.4.2　三维网状石墨烯相变复合材料的性能

5.4.2.1　储热性能

图 5.8 为鲸蜡醇和三维网状石墨烯相变储能复合材料的 DSC 曲线图。通过

DSC 曲线分析得到的相变温度和相变潜热数据见表 5.2。鲸蜡醇的升温曲线中出现一个熔融峰，熔融温度为 50.19℃。而降温曲线中在 47.1℃ 和 41.21℃ 出现两个结晶峰。随着石墨烯含量的增加，三维网状石墨烯相变储能复合材料的熔融温度并没有明显的变化，但结晶温度降低，这主要是由于三维网状石墨烯将鲸蜡醇封装在孔结构内限制了鲸蜡醇分子的运动和重排。从图中还可以看出随着石墨烯含量的增加，相变峰的面积减小，说明相变潜热降低。

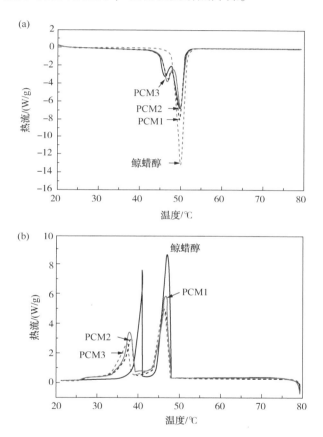

图 5.8　鲸蜡醇和三维网状石墨烯相变复合材料的 DSC 升温曲线(a)和降温曲线(b)

见表 5.2，鲸蜡醇的熔融焓和结晶焓值分别为 250.9J/g 和 244.3J/g。在石墨烯掺量为 6% 时，其相变焓减小 5.1%。当石墨烯掺量为 10% 时，相变焓减小 5.8%。说明随着石墨烯含量的增加，相变焓降低。这主要是由于石墨烯不能发生相变。

表 5.2 鲸蜡醇和三维网状石墨烯相变复合材料的 DSC 数据

样品	T_m/℃	ΔH_m/(J/g)	T_f/℃	ΔH_m/(J/g)
鲸蜡醇	50.19	250.9	47.1	244.3
PCM1	49.87	246.6	45.65	240.9
PCM2	49.95	238.1	46.47	231.7
PCM3	50.28	236.1	46.25	230.5

5.4.2.2 导热和导电性能

图 5.9 为鲸蜡醇和三维网状石墨烯相变复合材料的热导率图。如图所示,鲸蜡醇的热导率为 0.38W/(m·K)。石墨烯的加入导致相变储能复合材料的热导率明显增加。随着石墨烯掺量的增加,相变复合材料的热导率提高。主要是由于石墨烯具有高的热导率以及三维网状石墨烯在相变材料中形成了相互连通的导热网络。当石墨烯掺量分别为 2%、6% 和 10% 时,相变复合材料的热导率分别为 0.43W/(m·K)、0.54W/(m·K) 和 0.78W/(m·K),分别提高了 19.4%、50% 和 116%。

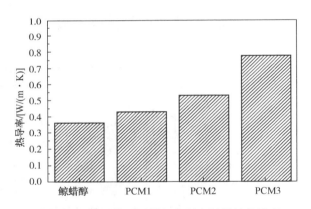

图 5.9 三维网状石墨烯相变复合材料的热导率

图 5.10 为三维网状石墨烯相变复合材料的电阻率图。鲸蜡醇不导电,电阻率很大。当加入石墨烯后,相变复合材料的电阻率明显降低。随着石墨烯掺量的增加,相变复合材料的电阻率逐渐降低。当石墨烯掺量为 10% 时,相变复合材料的电阻率降低到 92.5Ω·cm。这主要是三维网状石墨烯形成的导电网络的作用。

5.4.2.3 形态稳定性

图 5.11 为三维网状石墨烯相变储能复合材料在 80℃下加热 30min 后的光学图片。从图中可以看出,加热 30min 后鲸蜡醇全部融化成液态。而石墨烯掺量为 2% 的相变储能复合材料有少量的相变材料液化流出,主要是由于石墨烯封装和吸附了部分相变材料。在石墨烯掺量为 6% 和 10% 时,相变储能复合材料中并没

有相变材料液化流出，说明相变储能复合材料能够维持形态的稳定，相变时无液体泄漏。

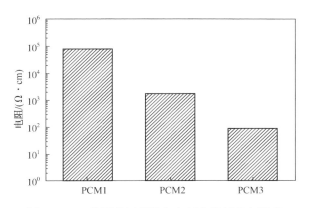

图 5.10　三维网状石墨烯相变复合材料的电阻率

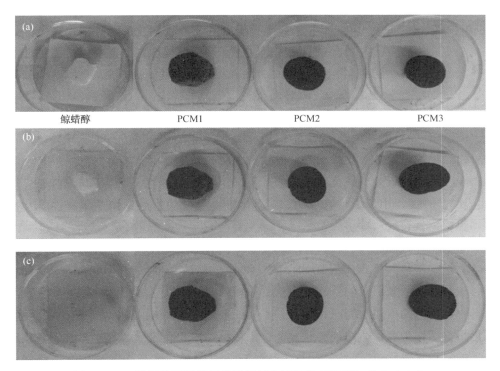

图 5.11　三维网状石墨烯相变储能复合材料在 80℃下加热 0min(a)、
15min(b)和 30min(c)的光学照片

5.4.2.4　热稳定性能

对鲸蜡醇和三维网状石墨烯相变储能复合材料进行热重分析。图 5.12 为鲸蜡醇和三维网状石墨烯相变储能复合材料的热重曲线。从图中可以看出鲸蜡醇在 145℃时质量开始减少，在 225℃时，质量损失达到 100%。而对于三维网状石墨烯相变储能复合材料而言，由于三维网状石墨烯的存在，质量损失的起始和终止温度都延后，并且相变复合材料的质量损失减少。这主要是由于相变材料封装在三维网状石墨烯中，提高了相变复合材料的热稳定性。

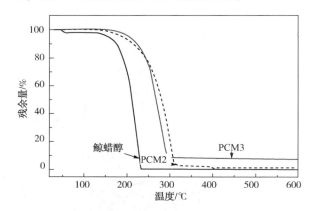

图 5.12　鲸蜡醇和三维网状石墨烯相变复合材料的 TG 曲线

5.4.3　混杂三维网状石墨烯相变复合材料的结构

图 5.13 是未掺加石墨烯纳米片的三维网状石墨烯（HGA0）的 SEM 图。从图中可以看出，未掺加石墨烯纳米片的还原氧化石墨烯呈现三维多孔网状结构。这是由于在还原过程中，氧化石墨烯间的范德华力增强，并且与静电排斥力达到平衡，通过 π-π 作用自组装成水凝胶。三维网状石墨烯的孔壁由多层还原氧化石墨烯组成，其孔径尺寸多为微米级。

图 5.14 为混杂三维网状石墨烯 HGA1 的 SEM 图。可以看出其与三维网状石墨烯的结构一样，呈现多孔结构。但是网状石墨烯骨架中分布了很多片状的结构，这些具有褶皱形貌的片状结构是石墨烯纳米片。石墨烯纳米片的存在起到连通石墨烯网络的作用。同时作为导热填料，有利于增强石墨烯导热网络的作用。氧化石墨烯作为表面活性剂能够分散石墨烯纳米片。石墨烯纳米片黏附于氧化石墨烯的疏水未氧化 sp^2 区域，导致水热反应后石墨烯纳米片均匀分散在三维网状石墨烯骨架中。从图中可以看出，在石墨烯纳米片与氧化石墨烯质量比为 1∶4 时，氧化石墨烯作为表面活性剂能够均匀分散石墨烯纳米片。如图 5.15 所示，随着石墨烯纳米片掺量增加，石墨烯纳米片在三维网络骨架中分布更密集。氧化石墨烯作为表面活性剂分散石墨烯纳米片的效果有所降低。

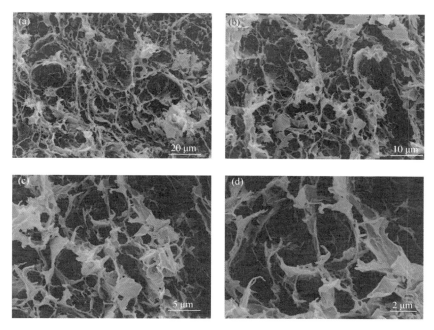

图 5.13　三维网状石墨烯(HGA0)的 SEM 图

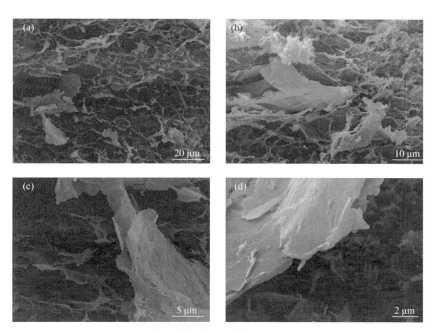

图 5.14　混杂三维网状石墨烯(HGA1)的 SEM 图

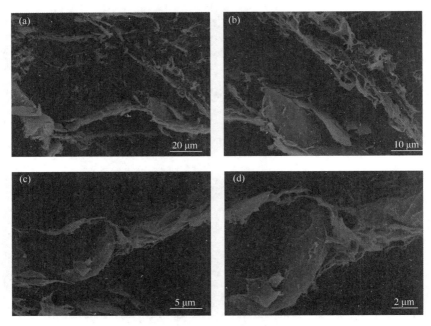

图 5.15　混杂三维网状石墨烯(HGA3)的 SEM 图

图 5.16 为氧化石墨烯和混杂三维石墨烯的红外谱图。从图中可以看出，氧化石墨烯在 $3395cm^{-1}$ 与 $1410cm^{-1}$($O—H$)、$1720cm^{-1}$($C=O$)和 $1050cm^{-1}$($C—O—C$)处都出现吸收峰。石墨烯纳米片在这些位置处仅出现微弱的吸收峰，说明石墨烯纳米片上仅含有少量的含氧官能团。而混杂三维网状石墨烯的各吸收峰均明显减弱，说明在水热自组装过程中氧化石墨烯得到有效还原。

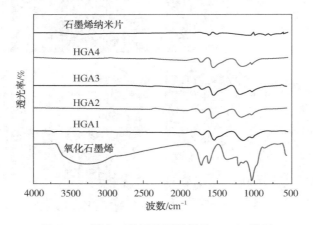

图 5.16　混杂三维网状石墨烯的 FT-IR 谱图

图 5.17 为棕榈酸和混杂三维网状石墨烯相变复合材料的 FT-IR 谱图。在棕榈酸谱图中，位于 2911cm⁻¹ 和 2842cm⁻¹ 处的吸收峰为 -CH₂ 的伸缩振动峰。在 1700cm⁻¹ 处出现 C =O 的伸缩振动吸收峰。位于 1300cm⁻¹ 处出现 -OH 的面内弯曲振动峰。而在 930cm⁻¹ 和 725cm⁻¹ 吸收峰分别为 O—H 的面外弯曲振动吸收峰和面内摇摆震动吸收峰。而在混杂三维网状石墨烯相变复合材料中除上述吸收峰存在外并没有出现新的吸收峰，说明混杂三维网状石墨烯和棕榈酸间并没有化学反应。

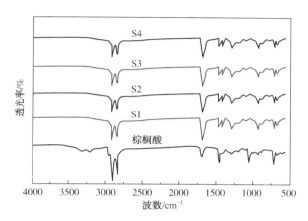

图 5.17　混杂三维网状相变复合材料的 FT-IR 谱图

5.4.4　混杂三维网状石墨烯相变复合材料的性能

5.4.4.1　储热性能

图 5.18 为棕榈酸和混杂三维网状石墨烯相变复合材料的 DSC 升温和降温曲线图。通过 DSC 曲线分析得到的相变温度和相变潜热数据见表 5.3。棕榈酸的升温曲线中出现一个熔融峰，熔融温度为 63.08℃。而降温曲线中出现一个结晶峰，结晶温度为 59.98℃。S3 熔融温度为 63.19℃，结晶温度为 60.69℃，相较于棕榈酸温度分别变化 0.11℃ 和 0.61℃，相变复合材料的熔融温度和结晶温度有略微增加。这是由于三维网状石墨烯孔结构吸附棕榈酸，在升温过程中限制棕榈酸分子运动，熔融温度升高。由于混杂三维网状石墨烯结构中石墨烯纳米片的存在，作为成核剂促进了棕榈酸分子的结晶，结晶温度提高。

见表 5.3，棕榈酸的熔融焓和结晶焓值分别为 199.4J/g 和 196.3J/g。混杂三维网状石墨烯的加入并没有导致相变复合材料的相变焓有所降低。这与混杂三维网状石墨烯的混杂多孔结构有关，石墨烯纳米片在相变材料中起到成核剂作用。当石墨烯纳米片和还原氧化石墨烯的掺量分别为 1.52% 和 6.06% 时，相变复合材料的焓值最大。主要是由于在此掺量时，石墨烯纳米片在三维网络中分散更均匀，石墨烯纳米片在相变材料中更好地发挥作用。

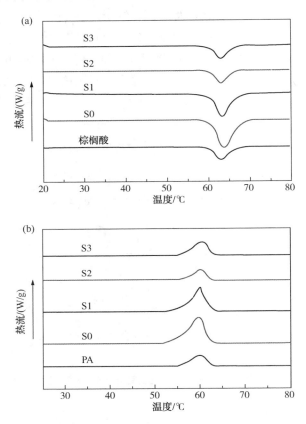

图 5.18　棕榈酸和混杂三维网状石墨烯相变复合材料
的 DSC 升温曲线(a)和降温曲线(b)

表 5.3　棕榈酸和混杂三维网状石墨烯相变复合材料的 DSC 数据

样品	$T_m/℃$	$\Delta H_m/(J/g)$	$T_f/℃$	$\Delta H_f/(J/g)$
棕榈酸	63.08	199.4	59.98	196.3
S0	63.59	202.4	60.45	201
S1	63.45	211.2	59.99	209
S2	63.13	201.3	60.5	199.5
S3	63.19	205.2	60.69	202

5.4.4.2　导热和导电性能

图 5.19 为棕榈酸和混杂三维网状石墨烯相变复合材料的热导率图。如图所

示，棕榈酸的热导率为 0.22W/(m·K)。三维网状石墨烯的存在使得相变复合材料的热导率提高到 0.41W/(m·K)。而混杂三维网状石墨烯的加入进一步提高相变复合材料的热导率。S1、S2 和 S3 的热导率分别提高到 0.83W/(m·K)，1.51W/(m·K) 和 2.1W/(m·K)。可以看出，随着混杂三维网状石墨烯掺量的增加，相变复合材料的热导率增加。这是由于石墨烯纳米片具有优异的热导率以及三维网状石墨烯在相变材料中形成相互连通的导热网络。

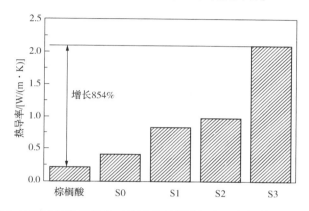

图 5.19　棕榈酸和混杂三维网状石墨烯相变复合材料的热导率

图 5.20 为混杂三维网状石墨烯相变储能复合材料的热导率与石墨烯纳米片含量的关系曲线。可以看出，随着石墨烯纳米片掺量的增加，混杂三维网状相变复合材料的热导率逐渐增加。三维网状石墨烯的加入使得相变复合材料的热导率提高 86.36%。而当石墨烯纳米片含量为 1.52%，热导率提高 277.27%。说明相较于还原的三维网状石墨烯，石墨烯纳米片具有更加优异的导热性能。其作为导

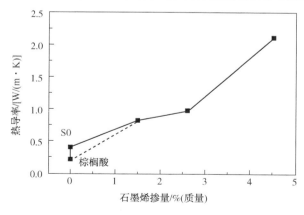

图 5.20　混杂三维网状相变复合材料的热导率与石墨烯纳米片掺量的关系曲线

热填料,在相变复合材料热导率提高中起到主要作用。但随着石墨烯纳米片掺量增加,热导率提高趋势会有所减慢。当石墨烯纳米片含量为2.57%和4.21%时,相变复合材料的热导率分别提高596%和854%。热导率相对提高率减小。这可能是由于随着石墨烯纳米片掺量增加,氧化石墨烯分散效果降低,导致石墨烯纳米片在三维网状石墨烯中分散不均匀,导热增强作用降低。

图5.21为混杂三维石墨烯相变复合材料的电阻率图。其中棕榈酸不导电,其电阻率也很高。因此,相比于棕榈酸,当其中加入了一些混杂石墨烯时,复合材料在电阻值上会有明显的减小。并且随着石墨烯掺量的增加,复合材料中的电阻率逐步减小。S0的电阻率为122000Ω·cm,而S1的电阻率14000Ω·cm,电阻率有了明显的降低,这主要归功于石墨烯纳米片的加入,混杂三维网状石墨烯所形成的一种导电性网络。而S3的电阻率为1600Ω·cm,PCM3的电阻率降低到89Ω·cm。

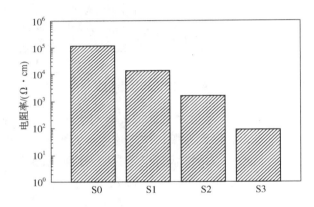

图5.21 棕榈酸和混杂三维网状石墨烯相变复合材料的电阻率

5.4.4.3 形态稳定性

图5.22为棕榈酸和混杂三维网状石墨烯相变复合材料在80℃下加热30min后形态的变化光学图片。从图中可以看出,加热30min后,棕榈酸部分融化成液态。而相变复合材料中没有相变材料液体流出,这主要是三维网状石墨烯吸附和封装住相变材料。说明相变复合材料能够维持形态的稳定,相变时无液体泄漏。

5.4.4.4 热稳定性

图5.23为棕榈酸和混杂三维网状石墨烯相变复合材料的热重曲线图。从图中可以看出温度在小于165℃时棕榈酸化学性质稳定。在165~250℃出现明显的质量损失,在250℃时质量损失达到100%。S0的初始分解温度延迟到200℃,而终止温度变为325℃,质量损失为94.5%。说明三维网状石墨烯的加入提高了相

图 5.22　混杂三维网状石墨烯相变复合材料在 80℃下加热 0min(a)和 30min(b)的光学照片

变复合材料的热稳定性。而对于混杂三维网状石墨烯相变复合材料而言，由于混杂三维石墨烯的加入，质量损失的起始和终止温度都延后，S3 初始温度延迟到 250℃，终止温度为 345℃，并且质量损失减少。S1、S2 和 S3 的质量损失分别为 93.1%、90.5% 和 89.5%。说明混杂三维网状石墨烯将相变材料封装在孔结构中，提高了相变复合材料的热稳定性。主要是由于混杂三维网状石墨烯的比表面积大，吸附能力强。

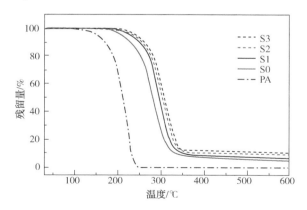

图 5.23　棕榈酸和混杂三维网状石墨烯相变储能复合材料的 TG 曲线

5.4.4.5　热性能对比与机理分析

与文献报道的棕榈酸基相变复合材料的热性能进行比较。从表5.4可以看出膨胀石墨、氧化石墨烯和石墨烯纳米片的加入都会明显提高相变复合材料的热导率，但相变复合材料的相变潜热都有所损失。尤其是对于膨胀石墨和氧化石墨烯而言，其掺量都较大，相变复合材料的相变潜热损失较大。在石墨烯纳米片掺量为8.06%时，相变复合材料的热导率显著提高。说明石墨烯纳米片是制备相变复合材料的优异导热填料。对于本章中制备的混杂三维网络石墨烯相变复合材料，当石墨烯纳米片和还原氧化石墨烯的掺量分别为4.21%和4.2%时，热导率提高到2.1W/(m·K)，但其相变潜热并没有明显损失。这与混杂三维网状石墨烯的混杂多孔结构有关，石墨烯纳米片在相变材料中起到成核剂作用。

混杂三维网状石墨烯在相变材料中起到导热增强作用。三维网状结构有利于相变材料充分与石墨烯骨架接触，形成均匀稳定的石墨烯相变复合材料，在相变材料中形成相互连接的导热通道，有利于热传导，提高相变复合材料的热导率。此外，石墨烯纳米片具有极高的热导率，均匀分散于网络中起到连通石墨烯网络的作用，同时作为导热填料在相变复合材料中起到进一步导热强化的作用。通过三维网状石墨烯和石墨烯纳米片的协同作用提高相变储能复合材料的热导率。

表5.4　棕榈酸基相变复合材料的热导率和潜热

相变复合材料	热导率/[W/(m·K)]	相变潜热/(J/g)
PA/20%EG	0.6	148.36
PA/50%GO	1.02	101.23
PA/5% N-doped graphene	1.73	195.54
PA/10% GNPs	1.03	188.1
PA/8.06% GNPs	2.11	188.98
PA/HGA(4.21% GNPs and 4.2% rGO)	2.1	206.2

5.5　小结

综上所述，石墨烯可作为导热填料制备定型相变复合材料，提高相变材料的热导率以及解决相变过程中的泄漏问题。Pickering乳液模板法简单可控，无须加入其他表面活性剂，避免其对相变材料性能的影响。不同于目前已报道的两步复合法，以Pickering乳液为模板，同时完成氧化石墨烯自组装和还原，直接得到三维网状石墨烯相变复合材料块体，复合材料结构均匀。研究氧化石墨烯和三维网状石墨烯对相变复合材料的热性能的影响规律。随着三维网状石墨烯掺量的增加，相变复合材料的相变潜热降低，但是热导率和热稳定性明显提高。当石墨烯掺量大于6%时，在高于相变温度加热，相变复合材料能够维持形态稳定，热稳定性提高。当石墨烯掺量为10%时，相变复合材料的热导率为0.78W/(m·K)，电阻率为92.5Ω·cm。相比于鲸蜡醇，相变复合材料的热导率提高116%。

以氧化石墨烯为表面活性剂分散石墨烯纳米片，制备石墨烯纳米片/氧化石墨烯分散液。将其通过水热还原自组装制备成混杂三维网状石墨烯。混杂三维网状石墨烯与棕榈酸通过真空浸渍法复合，制备混杂三维网状石墨烯相变复合材料。通过氧化石墨烯的水热还原自组装和真空冻干技术可制备混杂三维网状石墨烯。它具有混杂的三维多孔结构，石墨烯纳米片均匀分布在三维石墨烯网络中。FT-IR表征结果表明，氧化石墨烯被有效还原为石墨烯。混杂三维网状石墨烯相变复合材料具有优异的储热性能。混杂三维网状石墨烯对相变复合材料的相变温度影响很小，并且相变复合材料的相变潜热未受到混杂三维网状石墨烯的不利影响。这与混杂三维网状石墨烯的独特结构有关，石墨烯纳米片在相变材料中起到成核剂作用。随着石墨烯纳米片掺量的增加，相变复合材料的导热性能和热稳定性能提高。当石墨烯纳米片含量为4.21%时，相变复合材料的热导率提高到2.1W/(m·K)。相比于棕榈酸，热导率提高854%。说明石墨烯纳米片作为导热填料能显著提高相变储能复合材料的热导率。

但是在今后的研究中仍需要关注解决以下问题：（1）为提高相变材料的热性能，石墨烯本身质量至关重要。因为随着石墨烯层数增加，热导率会降低。这是由于石墨烯层数增加，边界散射效应增大。因而添加的石墨烯质量不同，其改善效果不同。（2）目前制备分散良好、性能优异的石墨烯相变复合材料还存在问题，需要进一步研究简单可控的制备方法，这对石墨烯相变复合材料的应用十分重要。（3）进一步深入探索石墨烯相变复合材料的导热性能影响因素，解决石墨烯的分散性及其与界面实现强耦合等问题，提高其导热性能。并且在提高材料的导热性能的同时协调其储热性能。

随着对石墨烯定型相变复合材料的研究的不断深入，石墨烯相变复合材料在太阳能存储、电池热管理及其他领域的应用将进一步拓宽。

6

氧化石墨烯包覆硅灰水泥基复合材料的制备与性能

6.1 引言

水泥基复合材料是目前使用量最大的建筑材料。随着对水泥基复合材料性能的要求日益提高，而水泥基复合材料是脆性材料，因此，提高水泥基材料力学性能和耐久性等一直是研究的重点之一。目前，硅灰和粉煤灰等作为掺合料掺入水泥基复合材料中，不仅可节约大量水泥，还可以提高水泥基复合材料的强度和耐久性等。但是并不能从根本上改变水泥水化产物的形状及聚集态，水泥基复合材料的缺陷等问题依然普遍存在。而且在应用中存在着一些问题，例如，硅灰比表面积大，需水量增加，会造成水泥基复合材料的流动性降低，在使用中还需要与外加剂配合使用，给施工带来不便。

近年来，纳米材料的发展为提高水泥基复合材料的性能提供了可能性。目前已有很多文献研究了碳纳米管和石墨烯等碳纳米材料对水泥基复合材料性能的影响。石墨烯是具有优异性能的二维纳米材料。其具有高的强度，弹性模量达到1.1TPa，断裂强度为125GPa，相当于钢铁的100多倍。研究结果表明，添加少量的碳纳米管和石墨烯会明显提高水泥基复合材料的力学性能。

氧化石墨烯是制备石墨烯的前驱体，具有优异的力学性能和良好的分散性。氧化石墨烯的含氧官能团具有不同的反应活性，更利于制备复合材料。吕生华在GO对水泥水化行为的调控、对水泥基复合材料力学性能的影响等方面进行了研究工作。研究结果表明，在水泥中掺加氧化石墨烯可以调控水泥水化产物的结构，明显提高水泥基复合材料的强度。虽然目前已有一些文献研究了氧化石墨烯对水泥性能的影响，但氧化石墨烯对水泥性能的影响规律和作用机理仍需要深入研究。本书首次提出一种通过静电自组装制备氧化石墨烯包覆硅灰（Graphene Oxide Encapsulated Silica Fume，GOSF）的方法。氧化石墨烯包覆硅灰利用氧化石墨烯的表面活性，解决氧化石墨烯和硅灰在水泥基浆体中的分散问题。相比于氧化石墨烯和硅灰，氧化石墨烯包覆硅灰发挥氧化石墨烯和硅灰的协同作用，提高水泥浆体的流动度和强度。本方法简单可控，拓展了氧化石墨烯在水泥基复合材料中的应用，对氧化石墨烯包覆硅灰的结构和形貌进行表征，研究氧化石墨烯和氧化石墨烯包覆硅灰对水泥基复合材料的流变性和强度的影响规律和机理。

6.2　氧化石墨烯包覆硅灰/水泥基复合材料的制备

6.2.1　氧化石墨烯/硅灰的制备

氧化石墨烯包覆硅灰的制备过程如图 6.1 所示，主要包括以下步骤：

（1）称取一定量的硅灰加入 500mL 的无水乙醇中超声 60min。加入一定量的硅烷偶联剂（3-氨丙基三甲氧硅烷），在 80℃下加热搅拌 12h。

（2）反应结束后冷却至室温。将得到的悬浮液用离心机离心分离，除去上层清液。将沉淀的固体颗粒重新溶于无水乙醇，再一次离心分离，重复 3~5 次。然后使用去离子水重复上述步骤进行清洗，除去残余的偶联剂，得到偶联剂改性的硅灰。

（3）配制 4mg/mL 的氧化石墨烯溶液。

（4）将配制好的氧化石墨烯溶液逐滴加入偶联剂改性的硅灰中，随着氧化石墨烯的加入，改性硅灰与氧化石墨烯由于静电作用共沉到溶液底部。去除上层溶液，将下层固体颗粒在 45~60℃下真空干燥 24h，即得到氧化石墨烯包覆硅灰。

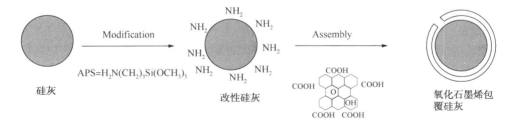

图 6.1　氧化石墨烯包覆硅灰的制备过程示意图

6.2.2　氧化石墨烯/水泥基复合材料的制备

制备浓度为 4mg/mL 的氧化石墨烯溶液备用。采用水灰比 0.4，量取不同体积的氧化石墨烯溶液，使氧化石墨烯占水泥质量分数分别为掺量 0、0.02%、0.04%、0.06%和0.08%。氧化石墨烯溶液与去离子水混合形成 120mL 溶液，置于高速剪切乳化机下搅拌 2min。按照水泥净浆标准实验，首先加入混合好的 200mL 氧化石墨烯水溶液，低速搅拌 60s 后，加入 300g 水泥，低速搅拌 60s，高速再拌 30s。停拌 90s，在第 1 个 15s 内用一胶皮刮具将叶片和锅壁上的水泥，刮入锅中间。在高速下继续搅拌 60s。

6.2.3 氧化石墨烯包覆硅灰/水泥基复合材料的制备

采用水灰比 0.4，氧化石墨烯包覆硅灰等量取代 0%、2%、4%、6% 和 8% 的水泥。表 6.1 为氧化石墨烯包覆硅灰/水泥基复合材料的配合比。硅灰与水泥总重 300g。加入水，然后加入氧化石墨烯包覆硅灰颗粒，低速搅拌 60s 后，加入水泥，低速搅拌 60s，高速再拌 30s。停拌 90s，在第 1 个 15s 内用一胶皮刮具将叶片和锅壁上的水泥，刮入锅中间。在高速下继续搅拌 60s。

作为对比实验按照上述步骤，将普通硅灰与水泥按照水灰比 0.4 配制成水泥浆体，硅灰等量取代水泥分别为 0%、2%、4%、6% 和 8%。按照水泥净浆标准实验，加入水，然后加入硅灰，低速搅拌 60s 后，加入水泥，低速搅拌 60s，高速再拌 30s。停拌 90s，在第 1 个 15s 内用一胶皮刮具将叶片和锅壁上的水泥，刮入锅中间。在高速下继续搅拌 60s。

表 6.1　氧化石墨烯包覆硅灰/水泥基复合材料的配合比

样品	水泥/g	硅灰/g	氧化石墨烯包覆硅灰/g	水/g
0	300	0	0	120
2%SF	294	6	0	120
4%SF	288	12	0	120
6%SF	282	18	0	120
8%SF	276	24	0	120
2%GOSF	294	0	6	129
4%GOSF	288	0	12	120
6%GOSF	282	0	18	120
8%GOSF	276	0	24	120

6.3　氧化石墨烯包覆硅灰/水泥基复合材料的性能

6.3.1　氧化石墨烯包覆硅灰的表征

图 6.2 为改性硅灰和在不同 pH 下的氧化石墨烯包覆硅灰的照片。从图中可以看出在 pH 为 2~6 时，氧化石墨烯加入改性硅灰中，立即出现沉积产物，上层

为透明溶液。当 pH 为 10 时，氧化石墨烯和改性硅灰在水中稳定分散并没有发生沉积现象。说明氧化石墨烯和改性硅灰没有发生自组装。悬浮液的 pH 值影响氧化石墨烯的自组装。主要是因为氧化石墨烯中存在羧基等含氧官能团，羧基在水溶液中电离带负电。在碱性环境下，氧化石墨烯的羧基电离增加，氧化石墨烯亲水性提高，氧化石墨烯在水相稳定分散。而改性的硅灰表面存在 NH_2，改性硅灰在酸性环境中带正电，在碱性环境中带负电。在酸性环境中氧化石墨烯与改性硅灰带有相反电荷，通过静电作用自组装。说明静电作用是氧化石墨烯在改性硅灰表面自组装的主要驱动力。

图 6.2　改性硅灰和在不同 pH 下的氧化石墨烯包覆硅灰的照片

图 6.3 是氧化石墨烯和氧化石墨烯包覆硅灰颗粒的透射电镜图。图 6.3(a) 可以看出氧化石墨烯具有近乎透明的褶皱形貌和不规则的边界。从图 6.3(b) 可以看到硅灰表面出现了褶皱状片，为氧化石墨烯，说明氧化石墨烯包覆在硅灰的表面。这主要是由于硅灰经 3-氨丙基三甲氧硅烷的处理，表面带正电荷。氧化石墨烯在水中带负电，通过静电作用，氧化石墨烯自组装到硅灰颗粒表面。

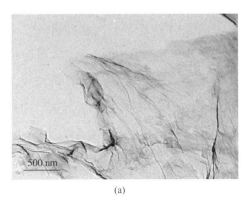 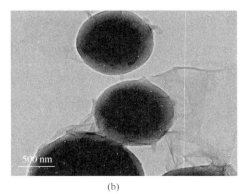

(a)　　　　　　　　　　　　　　(b)

图 6.3　氧化石墨烯(a)和氧化石墨烯包覆硅灰颗粒(b)的 TEM 图

123

图 6.4 是氧化石墨烯的尺寸分布图。可以看出氧化石墨烯片层的横向尺寸分布在 500nm~5μm 之间，其平均尺寸在 1μm 左右。图 6.5 是硅灰和氧化石墨烯包覆硅灰颗粒的粒径分布图。可以看出硅灰颗粒的粒径尺寸分布在 40~200nm 之间，平均粒径为 60nm，为纳米级的颗粒。而氧化石墨烯则为微米级片。从图中可以看出，与硅灰相比，氧化石墨烯包覆硅灰颗粒的平均粒径只有略微增加，粒径分布并没有明显变化。说明氧化石墨烯包覆在球状的硅灰表面，但由于有部分氧化石墨烯分布于层间导致粒径略微增加。

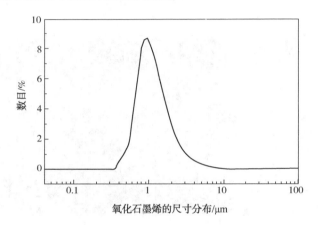

图 6.4　氧化石墨烯的尺寸分布

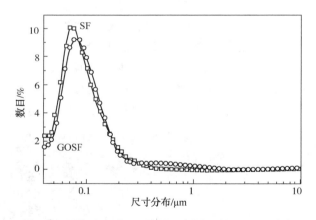

图 6.5　硅灰和氧化石墨烯包覆硅灰颗粒的粒径分布

6.3.2　氧化石墨烯对水泥浆体流变性能的影响

水泥浆体流动度根据 GB/T 8077—2012 使用水泥净浆坍落度仪进行测试。将玻璃板放置在水平桌面上。用湿布擦抹玻璃板、截锥圆模搅拌器及搅拌锅，使其表面湿而不带水渍。将截锥圆模放在玻璃板的中央，并用湿布覆盖待用。将拌好的净浆迅速注入截锥圆模内，用刮刀刮平，将截锥圆模按垂直方向提起，水泥净浆在玻璃板上流动。用直尺量取流淌部分相互垂直的两个方向的最大直径，取平均值作为水泥净浆流动度。

水泥浆体黏度用 NXS-11B 旋转黏度计进行测试。NXS-11B 旋转黏度计由一个同轴的外部圆筒和内部旋转转子组成，黏度仪共有 15 个挡位，每种挡位对应一个旋转速度。在测试时，手动旋转挡位按钮从 1 到 15 挡，然后从 15 挡调回 1 挡，最终得到剪切应力随剪切速率的回滞曲线。通过线性回归，曲线的斜率为水泥浆体的塑形黏度，曲线在纵轴的截距为屈服应力。塑形黏度与剪切速率无关，只反映破坏水泥浆体内部结构的难易程度。宾汉姆曲线的计算公式如下：

$$\tau = \tau_0 + \eta_p \gamma \tag{6.1}$$

式中，τ 为剪切应力，Pa；γ 为剪切速率，1/s；η_p 为塑性黏度，Pa·s；τ_0 为屈服应力，Pa。

图 6.6 为氧化石墨烯的掺量与水泥浆体流动度的关系曲线。可以看出，当不掺加氧化石墨烯时，水泥净浆的流动度为 116mm。当氧化石墨烯掺量为 0.02% 时，水泥浆体的流动度为 88mm，流动度明显降低。当氧化石墨烯掺量为 0.08% 时，水泥浆体的流动度为 74mm。相比不掺加氧化石墨烯的水泥浆体，流动度降低 36.2%。随着氧化石墨烯掺量的增加，水泥浆体的流动度降低，说明掺加氧化石墨烯会降低水泥浆体的流动度。

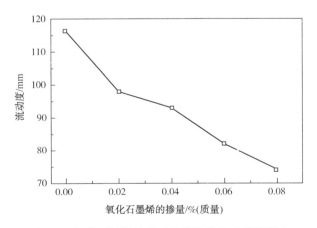

图 6.6　氧化石墨烯掺量对水泥浆体流动度的影响

图 6.7(a) 为氧化石墨烯/水泥浆体的剪切应力-剪切速率曲线。从图中可以看出随着剪切速率的增加，水泥浆体的剪切应力近似线性增加，说明氧化石墨烯水泥浆体是一种塑性流体。随着氧化石墨烯掺量增加，相同剪切速率下剪切应力

125

增加，说明水泥浆体的流变性能降低。水泥浆体在一个循环加载条件下，剪切应力-剪切速率曲线为一条回滞曲线。剪切应力随剪切速率变化的回滞曲线面积可以反映水泥浆体的稳定性。随着氧化石墨烯的加入，回滞曲线面积略有增加。说明掺加氧化石墨烯不会对水泥浆体的稳定性造成破坏。图 6.7（b）为氧化石墨烯/水泥浆体的表观黏度-剪切速率曲线。水泥浆体表观黏度随剪切速率的增加逐渐减小。随着氧化石墨烯掺量的增加，水泥浆体的表观黏度增加。

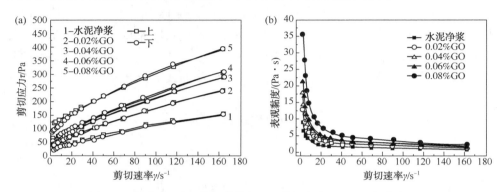

图 6.7　氧化石墨烯/水泥浆体的(a)剪切应力-剪切速率曲线和
（b）表观黏度-剪切速率曲线

根据式（6.1），剪切应力-剪切速率曲线的斜率为水泥浆体的塑形黏度，曲线在纵轴的截距为屈服应力。塑形黏度与剪切速率无关，只反映破坏水泥浆体内部结构的难易程度。图 6.8 为不同氧化石墨烯掺量的水泥浆体的屈服应力变化曲线。当不掺加氧化石墨烯时，水泥浆体的屈服应力为 25.6Pa。从图中可以看出随着氧化石墨烯掺量的增加，水泥浆体的屈服应力升高。当氧化石墨烯掺量为 0.08％时，水泥浆体的屈服应力达到 105.3Pa。

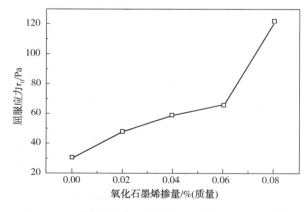

图 6.8　氧化石墨烯/水泥浆体的屈服应力变化曲线

图 6.9 为不同氧化石墨烯掺量的水泥浆体的塑性黏度变化曲线。随着氧化石墨烯掺量的增加，水泥浆体的塑性黏度增加。当氧化石墨烯掺量为 0.08%时，水泥浆体的塑性黏度从纯水泥浆体的塑性黏度 0.84Pa·s 增加到 1.95Pa·s。

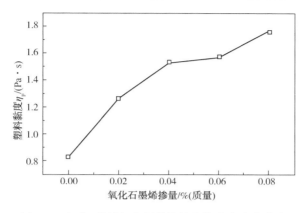

图 6.9　氧化石墨烯/水泥浆体的塑性黏度变化曲线

6.3.3　氧化石墨烯包覆硅灰对水泥浆体流变性能的影响

图 6.10 为硅灰和氧化石墨烯包覆硅灰的掺量与水泥浆体的流动度的关系曲线。从图中可以看出，随着硅灰和氧化石墨烯包覆硅灰掺量的增加，都会导致水泥浆体的流动度不断下降。但相同掺量时，掺加氧化石墨烯包覆硅灰的水泥浆体的流动度最大。当硅灰等量替换 6% 水泥，水泥浆体的流动度降到 78mm，而掺加氧化石墨烯包覆硅灰的水泥浆体流动度为 96mm。说明相比硅灰而言，掺加氧化石墨烯包覆硅灰会提高水泥浆体的流动度。氧化石墨烯包覆颗粒中的氧化石墨

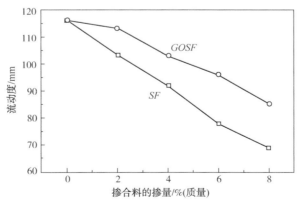

图 6.10　硅灰和氧化石墨烯包覆硅灰的掺量对水泥浆体流动度的影响

烯与氧化石墨烯对水泥浆体流动度的影响是相反的。氧化石墨烯包覆硅灰颗粒中的氧化石墨烯会提高水泥浆体的流动度。

图 6.11(a) 和图 6.12(a) 分别反映硅灰和氧化石墨烯包覆硅灰的掺量对水泥浆体的剪切应力-剪切速率曲线的影响。从图中可以看出随着硅灰和氧化石墨烯包覆硅灰掺量的增加，相同剪切速率下，水泥浆体的剪切应力增加。图 6.11(b)和图 6.12(b) 分别反映硅灰和氧化石墨烯包覆硅灰的掺量对水泥浆体的表观黏度-剪切速率曲线的影响，可以看出，随着硅灰和氧化石墨烯包覆硅灰颗粒掺量的增加，水泥浆体的表观黏度增加。说明掺加硅灰和氧化石墨烯包覆硅灰都会降低水泥浆体的流变性能。

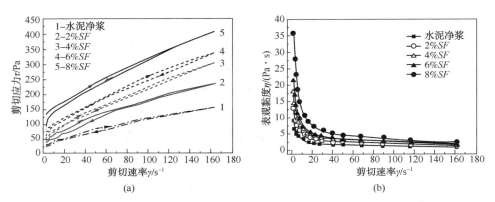

图 6.11　硅灰的掺量对水泥浆体的剪切应力-剪切速率曲线的影响(a)和对水泥浆体的表观黏度-剪切速率曲线的影响(b)

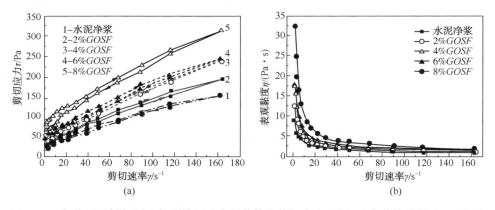

图 6.12　氧化石墨烯包覆硅灰的掺量对水泥浆体的剪切应力-剪切速率曲线的影响(a)和对水泥浆体的表观黏度-剪切速率曲线的影响(b)

如图 6.13 所示，在任一相同剪切速率和掺量下，掺加氧化石墨烯包覆硅灰颗粒的水泥浆体的剪切应力皆小于掺加硅灰的水泥浆体的剪切应力。说明相比硅灰而言，氧化石墨烯包覆硅灰颗粒能够改善水泥浆体的流变性能。

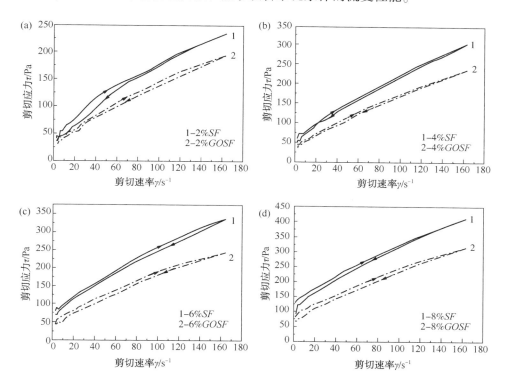

图 6.13　硅灰/水泥浆体和氧化石墨烯包覆硅灰/水泥浆体的
剪切应力-剪切速率曲线对比图

图 6.14(a)为硅灰和氧化石墨烯包覆硅灰对水泥浆体的屈服应力的影响对比图。从图中可以看出，随着硅灰和氧化石墨烯包覆硅灰掺量的增加，水泥浆体的屈服应力升高。但是相同掺量时，掺加氧化石墨烯包覆硅灰的水泥颗粒的屈服应力更小。图 6.14(b)为硅灰和氧化石墨烯包覆对水泥浆体的塑性黏度的影响对比图。随着硅灰和氧化石墨烯包覆硅灰掺量的增加，水泥浆体的塑性黏度增加。但在相同掺量时，掺加氧化石墨烯包覆硅灰的水泥浆体的塑性黏度小。因此，相比硅灰而言，掺加氧化石墨烯包覆硅灰颗粒的水泥浆体的流变参数更小。说明氧化石墨烯包覆硅灰中的氧化石墨烯能够改善水泥浆体的流变性能。

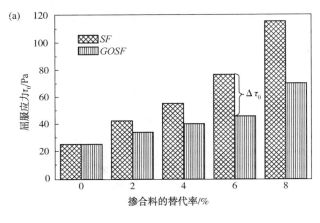

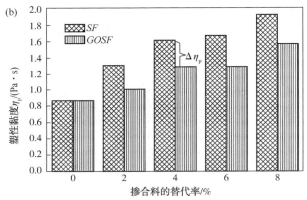

图 6.14　硅灰和氧化石墨烯包覆硅灰对水泥浆体的
屈服应力(a)和塑性黏度(b)的影响对比

如图 6.15 所示，$\Delta\tau_0$ 为硅灰/水泥浆体和氧化石墨烯包覆硅灰/水泥浆体的屈服应力的差值。$\Delta\eta_p$ 为硅灰/水泥浆体和氧化石墨烯包覆硅灰/水泥浆体的塑性黏度的差值。图 6.15(a) 和图 6.15(b) 分别为氧化石墨烯的掺量与水泥浆体的屈服应力差值和塑性黏度差值的关系曲线。从图中可以看出随着氧化石墨烯掺量的增加，水泥浆体的屈服应力差值和塑性黏度差值增加。说明随着氧化石墨烯掺量的增加，氧化石墨烯包覆硅灰/水泥浆体的屈服应力和塑性黏度降低更多，氧化石墨烯改善水泥浆体的流变性能的作用增强。这与单独掺加氧化石墨烯对水泥浆体的流变性能的影响相反。主要是由于氧化石墨烯和氧化石墨烯包覆硅灰中氧化石墨烯的作用机理不同，将在机理研究中详细讨论。

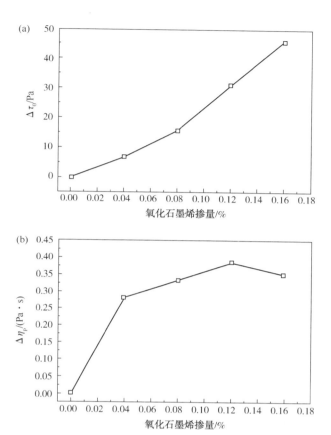

图 6.15　氧化石墨烯包覆硅灰/水泥浆体中氧化石墨烯的掺量与水泥浆体的
屈服应力差值的关系曲线(a)和塑性黏度差值的关系曲线(b)

6.3.4　氧化石墨烯和氧化石墨烯包覆硅灰对水泥浆体强度的影响

表 6.2 为氧化石墨烯/水泥浆体的 28d 的抗压强度。由表 6.2 可知，氧化石墨烯的加入可使水泥浆体的抗压强度显著提高。当氧化石墨烯掺量小于 0.04%时，水泥浆体的强度随着氧化石墨烯的掺量的增加而增加。当氧化石墨烯掺量为 0.04%时，相对于纯水泥浆体，强度提高 15.1%。主要是因为氧化石墨烯片层在水泥水化过程中起到了模板作用。水化反应优先在氧化石墨烯片层表面的活性基团上生长，调控水化产物结构。随着氧化石墨烯掺量的增加，水泥水化产物的结构也会发生变化，从而影响水泥浆体的强度。

表 6.2 氧化石墨烯/水泥浆体的 28d 的抗压强度

GO 掺量/%	抗压强度/MPa	增长率/%
0	39.27	0
0.02	43.12	9.8
0.04	45.20	15.1
0.06	44.14	12.4

表 6.3 为硅灰/水泥浆体和氧化石墨烯包覆硅灰/水泥浆体的 28d 的抗压强度。由表 6.3 可知,掺加硅灰和氧化石墨烯包覆硅灰都会提高水泥浆体的抗压强度。但是相同掺量时,相比硅灰而言,掺加氧化石墨烯包覆硅灰的水泥浆体的强度提高更多。主要是由于氧化石墨烯和硅灰的协同作用。

表 6.3 硅灰/水泥浆体和氧化石墨烯包覆硅灰/水泥浆体的 28d 的抗压强度

SF/GOSF 替代率/%	抗压强度/MPa 和增长率/%	
	SF	GOSF
0	39.27	39.27
2	42.45/8.1	48.46/23.4
4	45.65/16.0	50.97/29.7
6	44.49/13.29	51.02/29.9

6.4 机理分析

掺加氧化石墨烯会降低水泥浆体的流动度。主要是由于氧化石墨烯比表面积很大,会在其表面吸附大量水分子。此外氧化石墨烯在水中,羧基会发生电离,从而使其带负电。在水泥水化初期,铝酸三钙($3CaO \cdot Al_2O_3$,C_3A)颗粒表面带正电荷,而硅酸三钙($3CaO \cdot SiO_2$,C_3S)和硅酸二钙($2CaO \cdot SiO_2$,C_2S)颗粒表面带负电荷,正负电荷的静电引力作用促使水泥浆体形成絮凝结构。絮凝结构会将一部分自由水包裹起来,降低水泥浆体的流动性。如图 6.16 所示,氧化石墨烯加入水泥中,氧化石墨烯与水泥颗粒间发生静电作用,形成许多絮凝的水泥颗粒。图 6.16(b)为氧化石墨烯/水泥浆体的水化产物的 SEM 图。图中的晶体产物呈现成簇的花朵状。通过能谱仪测定水化产物组分见表 6.4,与水泥水化产物的元素组成基本一致,说明尽管水泥水化晶体的形状不同,水化产物仍是由钙矾石(AFt)、单硫型水化硫铝酸钙(AFm)以及水化硅酸钙(C-S-H)等组成。氧化石墨烯对水泥水化反应的影响仅仅表现在对水化产物的结构和形状上。此外除水泥水化产物的组分外，还存在碳元素，说明水泥浆体中氧化石墨烯的存在。而水化产物的结构变化主要是因为氧化石墨烯在水泥水化过程中起到了模板作用，水化产物优先在氧化石墨烯表面的活性基团上生长，形成形状整齐的微晶体产物。

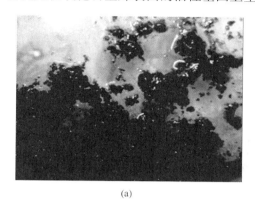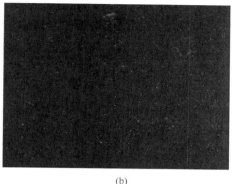

(a)   (b)

图 6.16　（a）加入氧化石墨烯后水泥浆体的光学照片和(b)氧化石墨烯/水泥浆体水化 1d 的 SEM 图

表 6.4　水泥水化产物的化学组分

元素	C	O	Mg	Al	Si	Ca	Fe
%(质量)	16.53	41.52	1.96	5.34	9.53	13.08	12.03

为进一步验证上述机理，对氧化石墨烯进行化学还原得到还原氧化石墨烯（CRGO），加入水泥浆体中测定流动度。如图 6.17 所示，在相同掺量下，还原氧化石墨烯/水泥浆体的流动度较高。这是因为经过还原后，氧化石墨烯表面带有的负电荷减少，加入水泥浆体中，静电吸附作用减弱，水泥絮凝结构减少，从而自由水增多，水泥浆体的流变性提高。

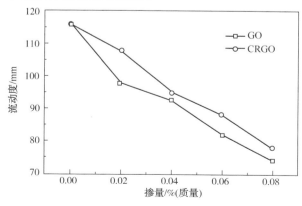

图 6.17　氧化石墨烯和还原氧化石墨烯的掺量对水泥浆体流动度的影响

133

相比硅灰而言，掺加氧化石墨烯包覆硅灰的水泥浆体的流动性有所提高。硅灰的比表面积大，导致水泥的需水量增加，水泥浆体的流动性降低。而氧化石墨烯片层包覆在硅灰表面，氧化石墨烯包覆硅灰在水泥中起到颗粒润滑的作用即"形态效应"。同时由于氧化石墨烯表面带有负电，氧化石墨烯包覆硅灰吸附在水泥颗粒附近。通过氧化石墨烯间的静电排斥作用，水泥颗粒形成的絮凝结构分散开，释放水泥颗粒间的水，水泥浆体的流动性提高(图6.18、图6.19)。

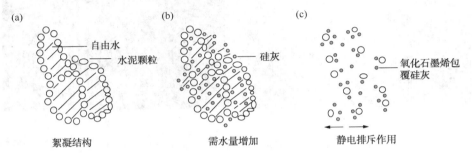

图 6.18　氧化石墨烯包覆硅灰颗粒在水泥浆体中的作用机理示意图

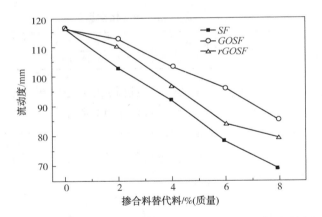

图 6.19　硅灰、氧化石墨烯包覆硅灰和还原氧化石墨烯
包覆硅灰对水泥浆体流动度的影响

图 6.20 是硅灰/水泥浆体、氧化石墨烯包覆硅灰/水泥浆体和还原氧化石墨烯包覆硅灰/水泥浆体的剪切速率-剪切应力曲线对比图。可以看出在任一相同剪切速率和掺量下，掺加氧化石墨烯包覆硅灰颗粒的水泥浆体的剪切应力皆小于掺加硅灰和还原氧化石墨烯包覆硅灰的水泥浆体的剪切应力。说明在水泥浆体中，氧化石墨烯包覆硅灰中的氧化石墨烯通过静电排斥作用提高了水泥浆体的流动度。

134

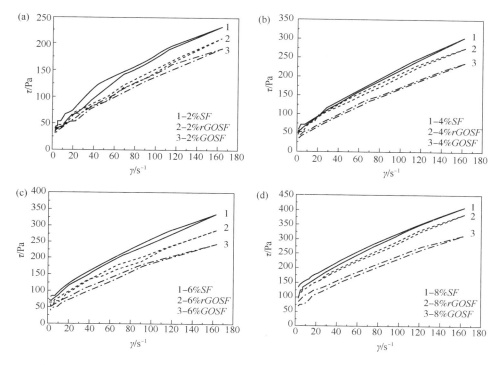

图 6.20 硅灰/水泥浆体、氧化石墨烯包覆硅灰/水泥浆体和还原氧化石墨烯包覆
硅灰/水泥浆体的剪切速率−剪切应力曲线对比图

6.5 小结

石墨烯的出现，拓宽了传统水泥基材料的应用领域。石墨烯高强度、高柔韧性、高比表面积以及高电导率等优异性能，都为高性能、智能化水泥基材料的发展带来了广阔前景。

本书通过氧静电自组装制备氧化石墨烯包覆硅灰。对氧化石墨烯包覆硅灰的结构和形貌进行表征。系统研究氧化石墨烯和氧化石墨烯包覆硅灰对水泥浆体流动性能和强度的影响规律和机理。利用氧化石墨烯的表面活性，解决氧化石墨烯和硅灰在水泥基浆体中的分散性问题。相比于氧化石墨烯和硅灰，氧化石墨烯包覆硅灰发挥氧化石墨烯和硅灰的协同作用，提高水泥浆体的流动度和强度。本方法简单可控，拓展了氧化石墨烯在水泥基复合材料中的应用。具体的结论包括以下方面：

（1）氧化石墨烯的掺加会降低水泥浆体的流变性能。随着氧化石墨烯掺量的增加，水泥浆体的流动度降低，屈服应力和黏度增加。

（2）随着氧化石墨烯包覆硅灰掺量的增加，水泥浆体的流动度降低，屈服应力和黏度增加。但是与硅灰相比，掺加氧化石墨烯包覆硅灰颗粒的水泥浆体的流动度提高。随着氧化石墨烯掺量的增加，对于流变性能的提高率会增长。说明氧化石墨烯和氧化石墨烯包覆硅灰中的氧化石墨烯对水泥浆体的流变性能的作用机理不同。

（3）由于氧化石墨烯具有大的比表面积，会吸附大量水。氧化石墨烯片层带负电，会与水泥颗粒发生静电吸附，形成大量的絮凝颗粒，自由水减少，降低水泥浆体的流动性。而氧化石墨烯包覆硅灰则通过形态效应和静电排斥的协同作用，使水泥水化形成的絮凝结构分散，自由水增多，提高水泥浆体流动性。

（4）氧化石墨烯及氧化石墨烯包覆硅灰纳米颗粒对水泥浆体起到增强的作用。在一定掺量范围内，随着氧化石墨烯掺量的增加，水泥浆体的强度提高。这主要是因为水泥的水化产物优先在氧化石墨烯表面的活性位点上生长。氧化石墨烯在水泥水化过程中起到了模板作用，调控水化产物结构，从而影响水泥的强度。在今后的研究中还需要深入研究石墨烯在水泥基体中的分散问题，丰富对石墨烯水泥基复合材料的耐久性能研究，明确石墨烯在水泥中的作用机理，系统研究石墨烯的掺加对水泥的水化产物和微观结构的影响，可以采用分子动力学理论、有限元分析等多种手段进行研究。

目前，研究结果表明，氧化石墨烯的掺加能够改善水泥的结构，氧化石墨烯和石墨烯的掺加能够显著提高水泥基材料的力学性能，提高其电导率，以及提高抗渗性、抗腐蚀性等耐久性能。但是目前还存在一些问题。

（1）对于石墨烯在水泥基体中的分散需要进一步研究。石墨烯容易发生团聚，氧化石墨烯具有表面活性，但是没有优异的电学等性能。通过大量研究多种途径解决石墨烯的分散问题。比如通过石墨烯和氧化石墨烯的协同作用，最大程度发挥石墨烯的优异性能；选择合适的表面活性剂，在低成本的前提下，实现石墨烯在基体中最大限度的分散；将石墨烯与掺合料复合，解决石墨烯的有效分散等。

（2）石墨烯在水泥基材料中的作用机理尚不明确。近几年的研究表明，石墨烯在水泥基材料中，不仅起到了纳米填充效应、裂纹阻断效应，也影响水泥的水化产物和其微观结构，但是石墨烯的作用机理的研究并不完善。还需要做更加全面、更加深入的研究。

（3）石墨烯与水泥基体的相容性尚未研究。在考虑石墨烯在水泥基材料中的分散时，还要考虑经过处理后的石墨烯与基体中不同组分的相容性问题，保证各组分之间能够相互促进，实现水泥基材料的良好性能。

（4）石墨烯水泥基复合材料的耐久性研究甚少。目前，对于石墨烯掺加到水泥基材料后的耐久性研究几乎是空白，耐久性能是实现石墨烯水泥基高性能复合材料应用的关键保障，对于耐久性问题的深入研究有着至关重要的意义。

7

三维网状石墨烯/聚合物复合材料的制备与压敏性能

7.1 引言

近年来，聚合物复合材料以其高强度低密度的特性在各行各业都发挥着巨大的作用，特别是纳米材料，如纳米二氧化硅、碳纳米管、炭黑等增强相在复合材料中的应用，使得复合材料朝着高性能、多功能、耐久性方向发展。石墨烯是一种二维片状碳材料，它具有优异的电学、力学和热性能。石墨烯聚合物复合材料的研究近几年发展特别迅速。石墨烯聚合物复合材料的研究同碳纳米管填充聚合物基体类似，都受制于单层石墨烯的有效分散程度以及石墨烯与聚合物基体界面的结合强度。

三维网状石墨烯是由二维石墨烯在宏观尺度上构成的一种新型碳纳米材料。不仅继承了二维石墨烯的固有优异性能，还赋予其多孔性和优异的可压缩性等。目前，通过化学汽相淀积、自组装、冷冻干燥等方法可制备三维石墨烯气凝胶。但是由于它的结构可能会发生逆转或显著的塑性变形，基于石墨烯的弹性三维结构的制备仍然是一个巨大的挑战。为提高力学性能，特别是石墨烯气凝胶的柔韧性，已经提出了几种尝试。例如，通过氧化石墨烯在聚合物内部骨架上的自组装制备三维多孔石墨烯泡沫或通过在聚氨酯海绵结构设计制备宏观石墨烯框架。然而，这些泡沫的形态和力学性能主要依赖于聚合物的结构。因此，研究一种简单的制备弹性三维网状石墨烯复合材料的方法具有重要意义。

7.2 三维网状石墨烯/聚合物复合材料

三维网状石墨烯是指由具有三维结构的二维石墨烯组装的一种碳材料。将其与聚合物制成复合材料，这可以促进石墨烯在聚合物溶液中均匀扩散中，使石墨烯分布在复合材料中的每一个地方。进而促进三维网状石墨烯在复合材料中发挥出更加优异的性能，赋予二维石墨烯原先所不具备的或不够优良的性能，比如极优良的导热、导电和力学性能等。三维网状石墨烯结构体不但拥有二维石墨烯片的固有性能和平面孔状结构，而且还发展了这些优异的性能，使其具备宏观多孔性，这也提供了大量的通道。

7.2.1 三维网状石墨烯/聚合物复合材料的制备方法

目前，三维网状石墨烯/聚合物的制备方法主要有三种方法：

（1）自组装法

自组装法是指在制备复合材料的过程中，通过石墨烯与聚合物之间发生相互作用，形成共价键或利用非共价键，从而制备新型的复合碳纳米材料。其中自组装法又分为交联诱导自组装法和还原自组装法。

交联诱导自组装法是指氧化石墨烯与聚合物中的活性分子之间的相互作用而使得石墨烯和聚合物联结在一起。它的基本原理是：氧化石墨烯片溶于溶液之中，此时它的溶液处在动态平衡中，当加入聚合物，破坏了这种平衡，使其再发生键的重新组合，这种键可分为共价键和非共价键，最后通过发生化学还原反应，使得三维网状氧化石墨烯还原成为三维网状石墨烯，最后得到三维网状石墨烯/聚合物复合材料。

还原自组装法通常是指，氧化石墨烯在化学还原成石墨烯和自组装成三维网状石墨烯的过程中，将聚合物直接插入氧化石墨烯中与化学还原和自组装同时进行从而制备的得出三维网状石墨烯/聚合物复合材料，最后再通过干燥法将复合材料的水分清除掉。在此种制备方法中，聚合物的添加使得最后得到的复合材料拥有三维空间的网状结构和各种优异的性能，比如较高的导电特性。聚合物作为三维网状石墨烯复合材料的基体，穿插在石墨烯的层片之间，这使得原先两两直接接触的石墨烯层片之间有了"垫片"一样的东西，而且这降低了石墨烯层片之间的范德华力，使石墨烯层片能够均匀地分布在聚合物之中，且维持着结构之间的相对稳定且保持两者之间的相容性。此种方法被认为是制备三维网状石墨烯/聚合物复合材料的最简单效率的方法之一。

（2）浸渍法

浸渍法是将已经制得的三维网状石墨烯浸入聚合物之中以制备三维网状石墨烯/聚合物复合材料。可以通过控制浸渍的时间来控制复合材料中的石墨烯含量。最开始的三维网状石墨烯可以通过模板法首先制备出，然后再采用浸渍法即可制备三维网状石墨烯/聚合物复合材料，这种方法也可以称为利用模板法制备三维网状石墨烯/聚合物复合材料。还有一种方法可以制备最开始的三维网状石墨烯，就是 CVD 制备出三维网状石墨烯，将其作为复合材料的基本骨架，这继承和发展了二维石墨烯的优良特征，且石墨烯层片之间的连接作用使其拥有了低密度、高孔隙率、大的比表面积的特点和三维结构的完整性。随后将基本骨架三维石墨烯浸入聚合物溶液中以使其将多余水分蒸发固化，最后即可得到三维石墨烯/聚合物复合材料。Kim 采用冰模板法制备了高度取向的三维网状石墨烯气凝胶，然后通过真空辅助抽滤的方法将液态环氧树脂渗入石墨烯气凝胶，最后固化成型，得到低渗流阈值[0.007%(体积)]和各向异性的石墨烯气凝胶-环氧树脂复合材料。此外，也可通过模板法制备三维网状石墨烯，再将其浸渍在聚合物溶液中来制备三维网状石墨烯-聚合物复合材料。

（3）模板法

模板法是以聚合物泡沫或微球为模板，通过石墨烯（氧化石墨烯）与聚合物自组装制备方法。Li 等采用聚苯乙烯（PS）微球为模板，通过在 PS 微球上包覆氧化石墨烯，然后热压微球制备复合材料。包覆在 PS 微球上的石墨烯相互接触形成三维网络，所得到复合材料导电率高，电磁屏蔽性能优异。侯朝霞等就模板法制备三维网状石墨烯/聚合物复合材料进行了对比，主要包括：硬模板法，软模板法以及其他模板法。对其进行对比，阐述了它们不同的优缺点。模板法可以精准地控制孔隙的尺寸，并且价格成本低廉，制备操作简单。结果表明，模板法在制备网状石墨烯和薄膜状石墨烯等方面，例如石墨烯纳米网和褶皱石墨烯基等复合材料方面获得了良好的成果。但是模板法制备的三维多孔石墨烯的三维多孔结构和形状外貌极其依靠所采用的模板，所以如果所采用的模板不够理想，出现孔隙结构和结构分布的有序性还需进一步加强，规则的多孔级网络仍然是难点。

（4）乳液聚合法

乳液聚合法是一种成本低廉、污染率低的制备新方法。其基本原理是：石墨烯溶液处在一个动态平衡的体系之中，将石墨烯和乳液混合，因为石墨烯对水和油具有较强的亲和力，所以这可以稳定整个体系的自由能，使其重新处于一个稳态的体系之中。最后再选择合适的有机溶剂，将包裹着乳液的石墨烯层片和有机溶剂混合，它们之间相互接触形成三维网状结构，随后因为乳液与石墨烯片之间乳液的聚合产生的聚合链的固定，在去除多余的水后，即可制备得到三维网状石墨烯聚合物/复合材料。

7.2.2 三维网状石墨烯/聚合物复合材料的性能

因为三维网状石墨烯不像二维石墨烯那样，在片层之间还存在有顽固的范德华力，所以三维网状石墨烯可在聚合物基体中的均匀分散程度比较高，而石墨烯一般被分解成为纳米级别的颗粒。这种纳米材料的加入使得聚合物各个方面的性能均有不同程度变化，这种变化可能会起到促进的作用也可能会起到阻碍抑制的作用。

孙颖颖等对三维网状石墨烯使用浇注法从而制备出三维网状石墨烯/环氧树脂复合材料，对其进行导热性能测试、比热容性能分析和玻璃化转变温度的分析，得出结论，这种三维网状石墨烯/环氧树脂复合材料具有良好的导热率，是因为三维网状石墨烯在环氧树脂中构成了良好的温度导热链，而加入的三维网状石墨烯可以使导热效率提升接近 7 倍，使得三维网状石墨烯/环氧树脂复合材料更加耐热。

郑辰飞等通过研究应力对三维网状石墨烯/聚合物复合材料的导电性能的影响，首先制备出三维网状石墨烯泡沫/PDMS 柔性复合材料，得出这种复合材料无论是处在拉伸还是弯曲的情况下，它的电阻变化率均随着拉伸应变或弯曲曲率的增加而增加，展现出此种复合材料在柔性导体和压力传导方面有着巨大的潜力。

7.2.3 三维网状石墨烯/聚合物复合材料的应用

以石墨烯三维网络作为基础自组装多孔三维网状石墨烯/聚合物复合材料，在具有较高孔隙率和大比表面积的同时，也具有优良的有利于离子的扩散和电荷的传递，为电荷的快速移动提供便捷的导电通路的传导能力，从而可广泛应用于能量存储、环境保护、传感、电池屏蔽和油污清理等领域。

（1）用作催化剂

三维网状石墨烯/聚合物复合材料所具有的独特的三维网状结构，在此种结构中存在有大量的孔洞和由孔洞连接成的孔的通道，这些通道可以使复合材料中的某些高聚物分子通过，也可以为电子的扩散和电荷的转移提供快速通道。另外，石墨烯层片边缘还有大量的活催化位点，这可有效促进各种反应的催化和转化。因此，三维网状石墨烯/聚合物复合材料可以在各种氧化还原反应中起到催化剂的作用。

白苗苗等利用三位一体的制备方法制备三维网络结构石墨烯/氮化碳气凝胶复合材料，在模拟太阳光下，此种复合材料对亚甲基蓝溶液具有催化降解性能，此时的作用就是催化的作用。再例如，通过水热法制备了掺杂了 N 元素的三维多孔石墨烯，这种多孔石墨烯表面的孔的面积高达比表面积的 25%，因此掺杂了 N 元素的三维多孔石墨烯片层边缘具有大量的活催化位点，而 N 元素的掺杂又使得活催化位点的催化活性进一步提高。此种材料能有效催化氧化还原反应，也起到催化转化的作用。

（2）在传感器中的应用

传感器作为一种检测装置，可以有效接收各种信号，而且在接收的过程中可将其转化为其他形式的信号，最后将这种信号再转化为需要的信号形式。目前用于制作传感器的三维网状石墨烯/聚合物复合材料包括三维石墨烯泡沫及其复合材料、复合石墨烯气凝胶等。

近年来，三维网状石墨烯聚合物复合材料作为电极材料在检测生物分子方面也发展迅速，如在葡萄糖生物传感器、过氧化氢生物传感器、DNA 生物传感器、免疫生物传感器和对生物小分子的检测，且对这些方面的检测都表现出高的灵敏度。但还是存在一定的问题，比如较低的检测范围，石墨烯在聚合物中的扩散仍然不够均匀，致使密度也不均匀等。

Xi 等以三维网状石墨烯泡沫为基础碳电极、原位聚合的聚多巴胺为连接剂，对癌细胞内排出的过氧化氢时刻进行检测，检测限为 80nM，检测的结果比较稳定，证明了该传感器具备良好的稳定性。这也是在传感器方面的应用。

（3）在环境修复中的应用

随着环境污染日趋严重，人们越来越关注环境治理问题，这已经成为全球问题。而对于剔除环境中有害物质，如某些带有剧毒的重金属离子、石油和工厂使用过的染料的水，由于染料本身在使用过后有一部分已溶于水之中，难以去除，这些污染物不仅对自然环境造成了难以修复的伤害，而且也时时刻刻威胁着人类的生存，比如人体中大部分组成都是水，若是长期饮用被污染的水，这些污染物有可能在身体内堆积，影响人类的健康，这已经成为科学研究的热点话题。将三维网状石墨烯制备成为聚合物复合材料，可有效调控复合材料的亲水和疏水性的性质，这使复合材料实现对环境污染物的去除，并表现出对水的吸附量大和对污染物的排斥性、性能稳定和可重复使用的亮点，具有去除环境污染物的潜力。

颜色广泛地存在于人们的日常生活中，而染料作为颜色的源头广泛地应用在社会中各个行业，比如印刷、纺织、化妆品制造等行业。因为染料具有其特有的分子结构，这使得染料分子之间比较牢固和具有一定的稳定性。而在使用染料时，经过染色处理后留下的污水中有超过 15% 的染料，而这些染料若不能经过及时处理直接通过污水管道排出，就会对环境造成难以估量的危害，而且若是这些污水流入地下，也会对人类的健康产生危害。三维网状石墨烯/聚合物复合材料可以吸附一些染料，例如孔雀绿、亚甲蓝基和罗丹明 B 等染料。

三维网状石墨烯复合材料能够对水体中重金属离子进行处理，已有研究报道了三维网状石墨烯/聚合物复合材料可以有效吸附污水中存在的重金属离子，比如二价铅离子、二价铜离子和六价铬离子，范艾爱等对基于三维网状石墨烯的重金属吸附做出简单的总结，指出了几种处理污水污泥中重金属离子的方法，并检测各种复合材料对重金属离子的吸附程度。

三维网状石墨烯复合材料能够处理水体中油类和有机溶剂。例如，Wei 等将氧化石墨烯和间苯二酚和甲醛混合，经处理后可得到一种三维网状石墨烯/聚合物复合材料，而这种复合材料因为其特有的结构而显示出可吸附大于自身质量20 倍的油类物质的优异性能，而且还表现出极强的稳定特性和可循环利用的特性。这种材料可以解决环境污染问题中的石油污染。

（4）在超级电容器中的应用

超级电容器是电极与电解质之间通过存储电荷来储存能量的一种新型储电装置。利用碳基材料制成的超级电容器的化学稳定性高、价格低廉且几乎无污染，因此使用碳基材料以制备电化学电容器的研究受到广泛地关注。三维网状石墨烯及其复合材料的三维网状的微观结构可为电子的转移提供快速通道，又因为这种复合材料具有较高的电容量和较大的接触面积，从而促进电子的传输和电解液的扩散。因此三维网状石墨烯/聚合物复合材料被普遍地应用在制作电化学电容器架构的研究。

赵文誉等采用正辛烷油状液滴作为软模板由此而制备 NiS_2/三维多孔石墨烯复合材料，将这种复合材料作为此次实验中的电极材料，对其电极材料进行恒等电流的充电和放电测试，得出在 $1A \cdot g^{-1}$ 的电流密度下，它的电容可达到 $1116.7F \cdot g^{-1}$，再将电流密度加到 $4A \cdot g^{-1}$ 之后，循环 1000 次，电容仍然可以保留 90%以上，这表现出电极材料优良的稳定特性和展现出了优异的电化学性能。

7.3 三维网状石墨烯/聚合物压敏复合材料的制备

将氧化石墨粉末与去离子水按一定的质量比进行混合，进行 120min 的超声剥离，得到充分剥离的浓度为 4.0mg/mL 的氧化石墨烯分散液。

如图 7.1 所示，量取一定体积的氧化石墨烯分散液，将其加入水热釜中，盖紧盖子。温度设定为 160℃，反应 12h 或 24h。取出水热釜，待其温度冷却到一定温度后取出成型的三维网状石墨烯柱状体。将其置于大小合适的表面皿中。称取一定量的乳液，浸泡 12h。进行真空冻干。冻干设置：冷肼温度为 -50℃，冻干时间为 24h。

图 7.2 为制备的样品的光学照片。将样品进行称重，其各组分含量见表 7.1。

将反应 24h 和 12h 不同石墨烯含量的复合材料分别命名为 S1、S2、S3 和 S4。

表 7.1　样品各组分的含量

	样品	石墨烯含量/%	乳液含量/%
160℃反应 24h	S1	28.9	71.1
	S2	16.2	83.8
160℃反应 12h	S3	35.6	64.4
	S4	19.5	80.5

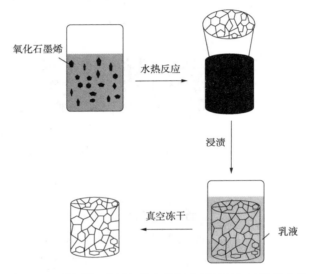

图 7.1　三维网状石墨烯/聚合物复合材料制备过程示意图

图 7.2　三维网状石墨烯/聚合物复合材料样品的光学照片

7.4 三维网状石墨烯/聚合物复合材料的结构与压敏性能

7.4.1 三维网状石墨烯/聚合物复合材料的结构

采用的水热法在160℃反应不同时间所制备的三维网状石墨烯的扫描电镜图如图7.3和图7.4所示。从图中可以看出，还原氧化石墨烯呈现相互连接的三维多孔网状结构。这是由于在还原过程中，氧化石墨烯间的范德华力增强，并且与静电排斥力达到平衡，通过π-π作用自组装成水凝胶。三维网状石墨烯的孔壁由多层还原氧化石墨烯组成，其孔径的大小多为微米级。与图7.4相比，虽然两种不同反应时间下制成的三维石墨烯均存在有大量孔洞，但可以看出水热反应24h得到的三维网状石墨烯的结构更致密、孔径更小。随着水热反应温度的升高，三维网状石墨烯的孔径减小。这主要是由于随着水热反应温度升高，氧化石墨烯的还原程度增加，片层之间的作用力增强，连接更加紧密，孔径变小。

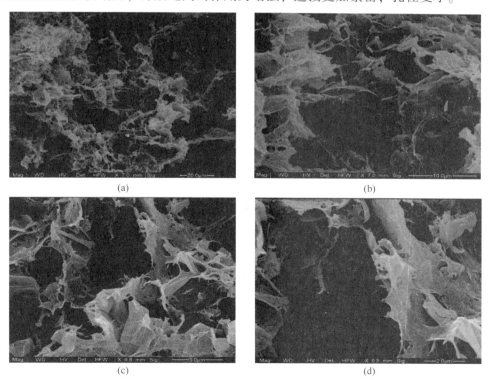

图7.3 水热反应时间为12h制备的三维网状石墨烯的扫描电镜图

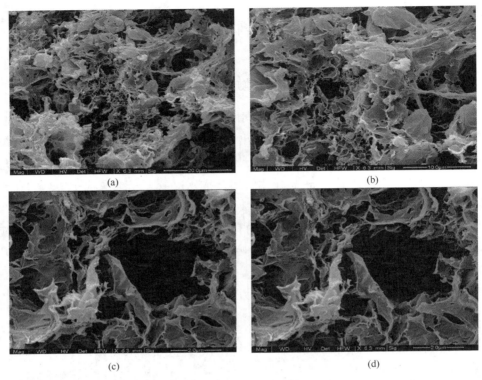

(a)
(b)

(c)
(d)

图 7.4　水热反应时间为 24h 制备的三维网状石墨烯的扫描电镜图

　　如图 7.5 所示为水热反应在 160℃反应 12h 制备的三维网状石墨烯复合材料的扫描电镜图，可以看出真空冻干后乳液黏附于石墨烯表面，形成了相互连接的网络。复合材料的骨架层厚度也比三维网状石墨烯的骨架层厚度要厚。图 7.6 为水热反应时间为 24h 制备的三维网状石墨烯复合材料的扫描电镜图，其结构更致密、孔径更小。与图 7.5 相比，在相同放大倍数下，压敏复合材料中的孔洞尺寸更加细小且分布更加均匀。说明水热反应温度升高，导致制备的复合材料的结构更加紧密，有利于力学性能的提高。

　　图 7.7 为不同反应时间下的三维网状石墨烯与氧化石墨烯的红外吸收光谱图。由图 7.7 可知，对于氧化石墨烯，在 3000～3500cm^{-1} 范围内出现一个较宽、较强的吸收峰，这归属于—OH 的伸缩振动峰，在 1396cm^{-1} 处为 O—H 的变形吸收峰，1720cm^{-1} 处出现 C=O 的伸缩振动吸收峰，1226cm^{-1} 处发现 C—O—C 的伸缩振动峰，1043cm^{-1} 处出现 C—O 的伸缩振动峰。说明氧化石墨烯具有上述含氧官能团。三维网状石墨烯经过水热反应后，还原氧化石墨烯的吸收峰明显的减弱甚至消失，说明水热过程使得含氧官能团减少，氧化石墨烯被还原。且反应 12h

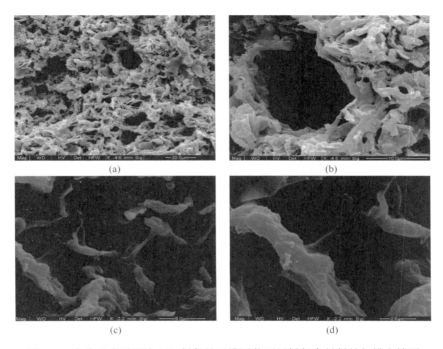

图 7.5　水热反应时间为 12h 制备的三维网状石墨烯复合材料的扫描电镜图

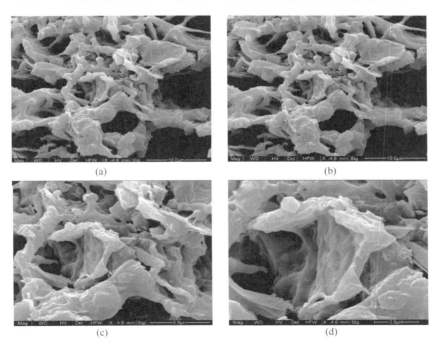

图 7.6　水热反应时间为 24h 制备的三维网状石墨烯复合材料的扫描电镜图

的三维网状石墨烯的—OH、C—O 和 C—O—C 的吸收峰强于 24h，随着水热反应温度的升高，伸缩振动峰强度明显减弱。说明随着反应温度的升高，氧化石墨烯的还原程度增加。但是两种不同反应时间的三维网状石墨烯的主要特征峰的位置基本没有迁移，说明不同的反应时间对还原氧化石墨烯的特征结构影响不大。

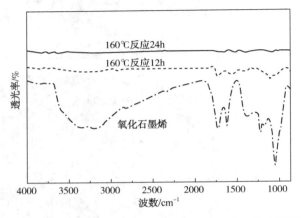

图 7.7　三维网状石墨烯与氧化石墨烯的红外吸收光谱图

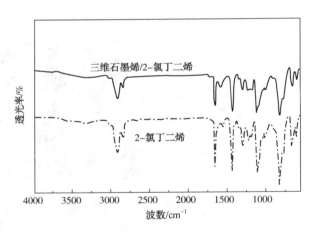

图 7.8　三维网状石墨烯复合材料和乳液 2-氯丁二烯的红外谱图

由图 7.8 中可知，对于纯 2-氯丁二烯在 $668cm^{-1}$ 和 $596cm^{-1}$ 处出现 C—Cl 键的伸缩振动，$826cm^{-1}$ 为双键氢的面外变角振动峰，$1432cm^{-1}$ 为氯相邻的 CH_2 的吸收峰，$1114cm^{-1}$ 为链振动峰，$1652cm^{-1}$ 为反式-1，4 结构双键。经过水热复合后，可以看出复合材料的光谱中并没有出现新的吸收峰和位移，说明石墨烯与乳液间没有发生化学反应，它们之间的结合可能是 π—π 键间的相互作用。

7.4.2　三维网状石墨烯/聚合物复合材料的压敏性能

对上述中反应时间为 24h 和 12h 的不同石墨烯含量的复合材料 S1、S2、S3 和 S4 测出其电阻值，如图 7.9 所示，S1、S2、S3 和 S4 的电阻值分别为 6Ω、9Ω、16Ω 和 30Ω。可以看出 S1 和 S2 的电阻值低于 S3 和 S4，说明在 160℃ 水热反应 24h 制备的三维网状石墨烯复合材料的电阻明显小于反应 12h 制备得到的复合材料，主要是由于 24h 的三维网状石墨烯得到了更好的还原(图 7.7 红外谱图中的表征结果)。而对于相同反应时间，S1 的电阻值小于 S2、S3 的电阻值小于 S4，说明在相同的反应时间制备得到的三维网状石墨烯复合材料中石墨烯含量较高者的电阻值较小。

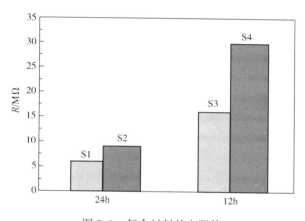

图 7.9　复合材料的电阻值

图 7.10 为复合材料的应力-应变曲线。可以看出水热反应 24h 得到石墨烯复合材料(S1、S2)的强度大于反应 12h(S3，S4)的强度。这主要是由于水热反应 24h 制备的三维网状石墨烯复合材料的结构更加致密，如上述扫描电镜图所示。而添加高浓度乳液的石墨烯复合材料(S2)的强度大于低浓度的(S1)，并且 S4 强度大于 S3，说明复合材料的强度与乳液的含量有关。乳液含量多，强度大。

图 7.11 为复合材料 S2 在加载-卸载循环过程中得到的应力-应变曲线。可以看出曲线分为三个阶段。当应变小于 10% 的时候，应力呈直线且迅速增加，这主要是由于材料弹性弯曲和剪切形变；当 $10<\varepsilon<25$ 时，应力仍呈直线增加但明显变缓，$20<\varepsilon<30$ 时，材料的致密化导致的应力陡升。当应变<30% 时，卸载曲线的应变几乎可以回到加载曲线上的原点，说明骨架完全恢复了原来的尺寸，没有发生塑性变形。

149

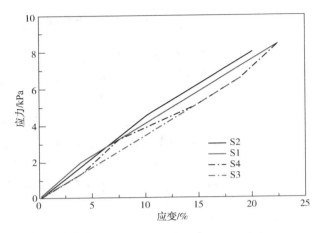

图 7.10　复合材料的应力应变变化曲线

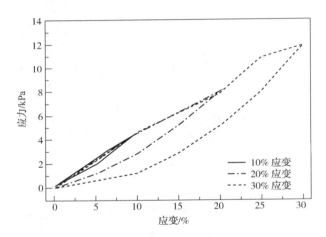

图 7.11　复合材料 S2 的应力应变变化曲线

如图 7.12~图 7.15 所示，为复合材料的电阻变化率随应力变化曲线。复合材料的压敏性可根据以下公式计算：

$$\Delta R/R_0 = (R_0 - R_P)/R_0 \tag{7.1}$$

$$S = \delta \Delta R/R_0/\delta P \tag{7.2}$$

式中，R_0 为复合材料的原始电阻值，R_P 为一定压力下的电阻值。P 为施加的压力。复合材料的压敏度 S 为曲线的斜率。可以看出 S2 的压敏性最大。S2 曲线表现出灵敏度差异对应的两个特征阶段。低压区（0~1.5kPa）的灵敏度为 0.42kPa^{-1}，坡度增大，而高压区（4~10kPa）的灵敏度为 0.09kPa^{-1}。加载压力后，三维网状石墨烯网络与聚合物在变形作用下进行了有效的负载转移。在低压

150

加载过程中，当石墨烯片之间的距离减小时，电阻呈指数衰减。在高压下，由于接触电阻的微小变化，使得电阻下降缓慢。而 S1 曲线低压区(0~2.2kPa)的灵敏度为 0.27kPa^{-1}，坡度增大，而高压区(6~8kPa)的灵敏度为 0.03kPa^{-1}。S3 曲线低压区的灵敏度为 0.27kPa^{-1}，而高压区的灵敏度为 0.47kPa^{-1}。S4 曲线低压区的灵敏度为 0.32kPa^{-1}，而高压区的灵敏度为 0.03kPa^{-1}。可以看出压敏性能 S：24h 高浓度(S2)≥12h 高浓度(S4)>12h 低浓度(S3)>24h 低浓度(S2)。说明复合压敏性能与复合材料本身的电阻性能和结构都有关。

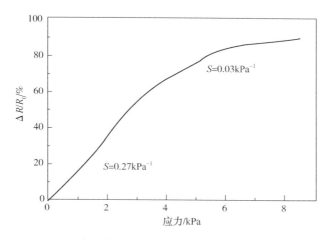

图 7.12　复合材料 S1 的电阻变化率随应力变化曲线

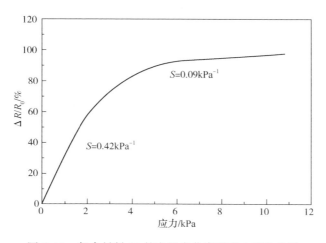

图 7.13　复合材料 S2 的电阻变化率随应力变化曲线

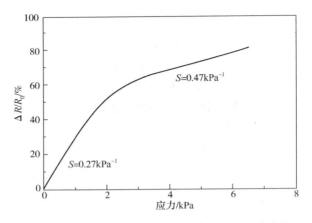

图 7.14　复合材料 S3 的电阻变化率随应力变化曲线

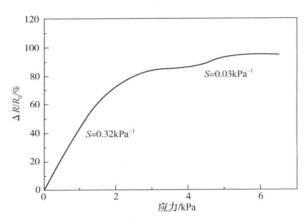

图 7.15　S4 复合材料的电阻变化率随应力变化曲线

　　图 7.16 是复合材料压敏性能机理示意图，如图所示，2-氯丁二烯和氧化石墨烯薄片形成高度多孔的相互连接的形态。石墨烯薄片与聚合物的协同作用，增强了聚氧化石墨烯/聚氧化石墨烯纳米复合材料的韧性，使其具有良好的弹性。加载后，在变形作用下有效地将荷载传递到各层之间。去除负载后，复合材料恢复到最初相互连接的形态，使纳米复合材料恢复到原来的大小。

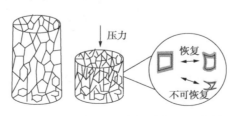

图 7.16　复合材料压敏性能机理示意图

通过上述对比，选择 S1 和 S2 进行压力循环试验。图 7.17 为复合材料 S1 和 S2 的电阻变化率随压力循环变化的曲线。图中可明显得出，在应力为 1.5kPa 的压力循环中，其电阻变换率都是先呈现出线性增加，且每次均相同，后释放压力，复合材料的电阻变换率又线性下降，直至为零。其中 S2 的电阻增长率和下降率均大于 S1 的。即 S2 对压力的敏感性较高。

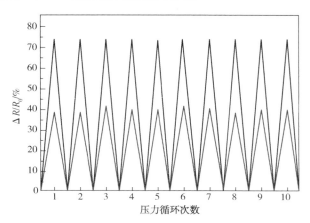

图 7.17　复合材料 S1 和 S2 的电阻变化率随压力循环变化的曲线

7.5　小结

通过三维网状石墨烯制备聚合物复合材料，可有效克服石墨烯在聚合物中分散性差的缺点，同时容易实现对石墨烯同基体之间的界面结合作用以及石墨烯的取向进行调控。因此，三维网状石墨烯/聚合物复合材料是目前石墨烯基复合材料领域的研究热点。

选择水溶性 2-氯丁二烯来增强氧化石墨烯气凝胶的弹性和柔韧性。采用水热法制备三维网状石墨烯，再通过浸渍法和冷冻干燥法制备不同石墨烯含量的三维网状石墨烯/2-氯丁二烯复合材料。采用水热法制备三维网状石墨烯，通过 SEM 和 FT-IR 表征结果表明，随着水热反应温度的升高，氧化石墨烯的还原程度增加，片层之间凝聚作用力增强，三维网状石墨烯的尺寸和网状孔径减小。不同反应时间和石墨烯含量的石墨烯/2-氯丁二烯三维网状结构复合材料的力学性能和压敏性能测试结果表明：水热反应 24h 得到的三维网状石墨烯制备的复合材料具有低的电阻，良好的力学弹性。S2 复合材料在低压区(0~1.5kPa)的灵敏度为 0.42kPa^{-1}，而高压区(4~10kPa)的灵敏度为 0.09kPa^{-1}，具有优异的压敏性能。由于石墨烯薄片与聚合物的协同作用，增强了聚氧化石墨烯/聚氧化石墨烯纳米复合材料的韧性，使其具有良好的弹性。加载后，在变形作用下有效地将荷载传递到各层之间。去除负载后，复合材料恢复到最初相互连接的形态，使纳米复合材料恢复到原来的大小。加载过程中，三维石墨烯网络结构的变化使得石墨烯片之间的距离变化，电阻随之变化，使得其具有优异的压敏性能。

在今后的研究中仍需要关注解决以下问题：改进目前的制备方法或开发新的制备方法，高效制备孔径大小、密度和分布可控的三维网状石墨/聚合物复合材料对促进实际应用具有重要意义；系统研究三维网状石墨烯/聚合物复合材料的结构−性能−应用之间的关系；三维网状石墨烯/聚合物复合材料具有柔韧性、拉伸性、可压缩性，进一步拓宽其应用领域。

附录

附录 1 实验原料

品 名	规 格	品 名	规 格
天然鳞片石墨	200 目	石墨烯	分析纯 AR
98%浓硫酸	分析纯 AR	棕榈酸	分析纯 AR
30%过氧过氢	优级纯 GR	鲸蜡醇	分析纯 AR
高锰酸钾	优级纯 GR	水泥	42.5
30%盐酸	优级纯 GR	硅灰	工业品
氢氧化钠	分析纯 AR	2-氯丁二烯(1.3)	工业品
氧化石墨	工业品		

附录 2 实验仪器设备

仪器设备名称	仪器设备名称	仪器设备名称
电子天平	显微镜	扫描电镜
恒温磁力搅拌器	水热釜	投射电镜
电热恒温水浴锅	真空冻干机	差热扫描分析仪
真空干燥箱	X 射线衍射仪	热重分析仪
超声波清洗机	X 射线光电子能谱	
圆周振荡器	傅立叶红外光谱仪	

附录3　测试与表征

（1）原子力显微镜（AFM）

采用的是日本精工SII公司生产的SPA-300HV型原子力显微镜，观察氧化石墨烯片层的横向尺寸和厚度等参数。样品制备：配制极稀的氧化石墨烯溶液，滴2~3滴在表面平整的云母片上干燥后使用。

（2）透射电子显微镜（TEM）

采用JEOL公司JEM-2010F型高分辨透射电镜（High Resolution Transmission Electron Microscopy，HRTEM）可以用来分析样品的形貌及晶体结构。测试条件为高真空，加速电压为200kV，样品台为铜网支撑的碳膜。

（3）X射线衍射仪（XRD）

用Rigaku International公司生产的D/max 2550VB3+/PC型X射线衍射仪测定物质的晶体结构。采用Cu Kα线（$\lambda = 15.4056nm$），测试角为5°~80°，扫描速度为5℃/min。

（4）拉曼光谱（RM）

采用的仪器是法国LABHR-UV型拉曼光谱仪。用来测试的激发光波长是514.5nm，测量光斑大小为微米量级。

（5）X射线光电子能谱（XPS）

所采用的仪器型号为美国热电公司的ESCALAB 250Xi。利用Al KαX射线作光源，分析束斑大小为20μm。测试氧化石墨烯的化学组分。

（6）傅立叶变换红外光谱（FT-IR）

采用的仪器是BRUKER公司生产的EQUINOX55/HYPERION2000型红外光谱仪测试样品结构。采用衰减内反射（ATR）法测定，扫描波数范围为400~4000cm^{-1}。

（7）扫描电子显微镜（SEM）

采用FEI公司Quanta 200 FEG型场发射扫描电子显微镜（Field-emission Scanning Electron Microscopy，FESEM）用于观察材料的表面形貌。加速电压500V~30kV，放大倍数可达十万倍，在高真空镀金的条件下观察样品的形貌。

（8）激光粒度分析仪（LDSA）

采用Beckman Coulter公司LS 230激光粒度分析仪测试样品的粒径分布。测试范围0.4~2000μm。

（9）Zeta 电位测试

采用 Malvern Zeta 电位测定仪测定样品的 Zeta 电位。

（10）差示扫描量热法（DSC）

通过热分析（DSC）对样品的热性能进行表征。采用的仪器是 TA 公司生产的型号为 Q100 的调制差示扫描量热仪，测试温度为 20～90℃，升温速率为 3℃/min。

通过调制差示扫描量热法（MDSC）测试相变复合材料的热导率。升温速率为 3℃/min，设定调制周期为 80s。热导率（K）的计算公式：

$$K = 8LC_2/C_pMd2P$$

式中，L 为厚样品的厚度，mm；C_2 为厚样品的表观热容，J/℃；C_p 为根据薄样品测得的比热容，J/（g·℃）；M 为厚样品的质量，g；d 为样品的直径，mm；P 为调制周期，s。

同一材料制备出 2 个厚度不同的圆柱形样品，其中一个样品的厚度为另一个样品厚度的 2 倍以上，样品的直径为 6.22mm。对两个样品进行 MDSC 测试，计算相变复合材料的热导率。

（11）热重分析仪（TG）

采用的仪器是德国耐驰公司 STA 449 型热重分析仪测试样品的热稳定性。测试条件为在氮气环境中升温到 600℃，升温速率为 10℃/min。

（12）水泥浆体流动度测试

水泥浆体流动度使用水泥净浆坍落度仪进行测试。将玻璃板放置在水平桌面上。用湿布擦抹玻璃板、截锥圆模搅拌器及搅拌锅，使其表面湿而不带水渍。将截锥圆模放在玻璃板的中央，并用湿布覆盖待用。将拌好的净浆迅速注入截锥圆模内，用刮刀刮平，将截锥圆模按垂直方向提起，水泥净浆在玻璃板上流动。用直尺量取流淌部分相互垂直的两个方向的最大直径，取平均值作为水泥净浆流动度。

（13）水泥浆体黏度测试

水泥浆体黏度用 NXS-11B 旋转黏度计进行测试。NXS-11B 旋转黏度计由一个同轴的外部圆筒和内部旋转转子组成，黏度仪共有 15 个挡位，每种挡位对应一个旋转速度。在测试时，手动旋转挡位按钮从 1 到 15 挡，然后从 15 挡调回 1 挡，最终得到剪切应力随剪切速率的回滞曲线。通过线性回归，曲线的斜率为水泥浆体的塑形黏度，曲线在纵轴的截距为屈服应力。塑形黏度与剪切速率无关，只反映破坏水泥浆体内部结构的难易程度。宾汉姆曲线的计算公式如下：

$$\tau = \tau_0 + \eta_p\gamma$$

157

式中，τ 为剪切应力，Pa；γ 为剪切速率，1/s；η_p 为塑性黏度，Pa·s；τ_0 为屈服应力，Pa。

（14）水泥浆体强度测试

水泥净浆试件为 2cm×2cm×2cm 的立方体。试件成型后带模养护 24h 拆模。在标准养护室养护至规定龄期后，测试其抗压强度。加载速率为 10mm/min。

（15）压敏性能

为评估压力灵敏度的特性，在三维网状石墨烯复合材料的圆柱体样品的上、下表面分别用两根铜丝连接到万用表。通过万用表来测定压缩过程中材料的电阻变化。

选择在不同压力下电阻变化比率（$\Delta R/R_0$）的变化来表示。样品的压敏性能计算如下：

$$\Delta R/R_0 = (R_0 - R_P)/R_0$$
$$S = \delta\Delta R/R_0/\delta P$$

式中，R_0 和 R_P 分别为无压力和有压力试样的电阻；P 是施加的压强；S 是压力敏感性，可以获得 $\Delta R/R_0$-压力曲线的斜率。

参 考 文 献

［1］Novoselov K S，Geim A K，Morozov S V，et al. Electric field effect in atomically thin carbon films［J］. science，2004，306(5696)：666-669.

［2］Balandin A A，Ghosh S，Bao W，et al. Superior thermal conductivity of single-layer graphene ［J］. Nano letters，2008，8(3)：902-907.

［3］Allen M J，Tung V C，Kaner R B. Honeycomb carbon：a review of graphene［J］. Chemical reviews，2010，110(1)：132-145.

［4］Yu W，Sisi L，Haiyan Y，et al. Progress in the functional modification of graphene/graphene oxide：A review［J］. RSC Advances，2020，10(26)：15328-15345.

［5］Ni Z H，Wang H M，Ma Y，et al. Tunable stress and controlled thickness modification in graphene by annealing［J］. ACS nano，2008，2(5)：1033-1039.

［6］Geim A K，Novoselov K S. The rise of graphene［M］. Nanoscience and technology：a collection of reviews from nature journals. 2010：11-19.

［7］陈永胜，黄毅. 石墨烯——新型二维碳纳米材料［M］. 北京：科学出版社，2013

［8］Balandin A A. Thermal properties of graphene and nanostructured carbon materials［J］. Nature materials，2011，10(8)：569-581.

［9］Castro Neto A H，Guinea F，Peres N M R，et al. The electronic properties of graphene［J］. Reviews of modern physics，2009，81(1)：109-162.

［10］Lemme M C，Echtermeyer T J，Baus M，et al. Mobility in graphene double gate field effect transistors［J］. Solid-State Electronics，2008，52(4)：514-518.

［11］Du X，Skachko I，Barker A，et al. Approaching ballistic transport in suspended graphene［J］. Nature nanotechnology，2008，3(8)：491-495.

［12］Chae H K，Siberio-Perez D Y，Kim J，et al. A route to high surface area，porosity and inclusion of large molecules in crystals［J］. Nature，2004，427(6974)：523-527.

［13］Novoselov K S，Jiang Z，Zhang Y，et al. Room-temperature quantum Hall effect in graphene ［J］. Science，2007，315 (5817)：1379.

［14］Novoselov K S，Geim A K，Morozov S V，et al. Two-dimensional gas of massless Dirac fermions in graphene［J］. Nature，2005，438 (7065)：197-200.

［15］Zhang L，Li C，Liu A R，et al. Electrosynthesis of graphene oxide/polypyrene composite films and their applications for sensing organic vapors［J］. Journal of Materials Chemistry，2012，22 (17)：8438-8443.

［16］Nguyen H B，Le H D，Nguyen V Q，et al. Development of the layer-by-layer biosensor using graphene films：application for cholesterol determination［J］. Advances in Natural Sciences：Nanoscience and Nanotechnology，2013，4 (1)：015013.

［17］Zhang J，Zhao X S. Conducting polymers directly coated on reduced graphene oxide sheets as high-performance supercapacitor electrodes[J]. The Journal of Physical Chemistry C, 2012, 116 (9): 5420-5426.

[18] Wang G, Sun X, Lu F, et al. Flexiblepillared graphene-paper electrodes for high-performance electrochemical supercapacitors[J]. Small, 2012, 8 (3): 452-459.

[19] Sun L, Wang L, Tian C Q, et al. Nitrogen-Doped Graphene with High Nitrogen Level via a One-Step Hydrothermal Reaction of Graphene Oxide with Urea for Superior Capacitive Energy Storage[J]. RSC Advances, 2012, 2 (10): 4498-4506.

[20] Yoo E, Kim J, Hosono E, et al. Large reversible listorage of graphene nanosheet families for use in rechargeable lithium ion batteries[J]. Nano Letters, 2008, 8 (8): 2277-2282.

[21] Pan D Y, Wang S, Zhao B, et al. Storage properties of disordered graphene nanosheets [J]. Chemistry of Materials, 2009, 21 (14): 3136-3142.

[22] Kou R, Shao Y Y, Liu J, et al. Enhanced activity and stability and stability of Pt catalysts on functionalized graphene sheets for electroeatalytic oxygen reduetion[J]. Electrochemical Communications, 2009, 11 (5): 954-957.

[23] Qi G Q, Liang C L, Bao R Y, et al. Polyethylene glycol based shape-stabilized phase change material for thermal energy storage with ultra-low content of graphene oxide[J]. Solar Energy Materials and Solar Cells, 2014, 123: 171-177.

[24] Wu S D, Lv W, Xu J, et al. A graphene/poly (vinyl alcohol) hybrid membrane self-assembled at the liquid/air interface: enhanced mechanical performance and promising saturable absorber[J]. Journal of Materials Chemistry, 2012, 22 (33): 17204-17209.

[25] Chen K, Chen L, Chen Y, et al. Three-dimensional porous graphene-based composite materials: electrochemical synthesis and application[J]. Journal of Materials Chemistry, 2012, 22 (39): 20968-20976.

[26] Virojanadara C, Syväjarvi M, Yakimova R, et al. Homogeneous large-area graphene layer growth on 6 H-SiC (0001)[J]. Physical Review B, 2008, 78 (24): 245403.

[27] Berger C, Song Z, Li T, et al. Ultrathin Epitaxial Graphite: 2D Electron Gas Properties and a Route toward Graphene-based Nanoelectronics[J]. Journal of Physical Chemistry B, 2004, 108 (52): 19912-19916.

[28] Reina A, Thiele S, Jia X, et al. Growth of large-area single-and bi-layer graphene by controlled carbon precipitation on polycrystalline Ni surfaces[J]. Nano Research, 2009, 2 (6): 509-516.

[29] Kim K S, Zhao Y, Jang H, et al. Large-scale pattern growth of graphene films for stretchable transparent electrodes[J]. Nature, 2009, 457 (7230): 706-710.

[30] Stankovich S, Dikin D A, Piner R D, et al. Synthesis of graphene-based nanosheets via chemical reduction of exfoliated graphite oxide[J]. carbon, 2007, 45 (7): 1558-1565.

[31] Lotya M, Hernandez Y, King P J, et al. Liquid phase production of graphene by exfoliation of

160

graphite in surfactant/water solutions[J]. Journal of the American Chemical Society, 2009, 131 (10): 3611–3620.

[32] Jan R, Habib A, Akram M A, et al. Uniaxial drawing of graphene–PVA nanocomposites: Improvement in mechanical characteristics via strain–induced exfoliation of graphene[J]. Nanoscale research letters, 2016, 11(1): 1–9.

[33] Lin Z, Karthik P S. Simple technique of exfoliation and dispersion of multilayer graphene from natural graphite by ozone–assisted sonication[J]. Nanomaterials, 2017, 7(6): 12501–12510.

[34] Reina A, Thiele S, Jia X, et al. Growth of large–area single–and bi–layer graphene by controlled carbon precipitation on polycrystalline Ni surfaces[J]. Nano Research, 2009, 2(6): 509–516.

[35] Virojanadara C, Syväjarvi M, Yakimova R, et al. Homogeneous large–area graphene layer growth on 6 H–SiC (0001)[J]. Physical Review B, 2008, 78(24): 245403.

[36] Berger C, Song Z, Li T, et al. Ultrathin epitaxial graphite: 2D electron gas properties and a route toward graphene–based nanoelectronics[J]. The Journal of Physical Chemistry B, 2004, 108(52): 19912–19916.

[37] Brodie B C. XIII. On the atomic weight of graphite[J]. Philosophical transactions of the Royal Society of London, 1859 (149): 249–259.

[38] Staudenmaier L. Preparation of graphite oxide[J]. 1899, 31(2): 1387–1481.

[39] Hummers W S, Offeman R E. Preparation of graphite oxide [J]. Journal of the American Chemical Society, 1958, 80 (6): 1339–1339.

[40] Ismail Z. Green reduction of graphene oxide by plant extracts: a short review[J]. Ceramics International, 2019, 45(18): 23857–23868.

[41] Wang G, Yang J, Park J, et al. Facile synthesis and characterization of graphene nanosheets [J]. The Journal of Physical Chemistry C, 2008, 112 (22): 8192–81.

[42] Stankovich S, Dikin D A, Piner R D, et al. Synthesis of Graphene–Based Nanosheets via Chemical Reduction of Exfoliated Graphite Oxide[J]. Carbon, 2007, 45, 1558–1565.

[43] Chen W, Yan L, Bangal P R. Chemical Reduction of Graphene Oxide to Graphene by Sulfur–Containing Compounds[J]. The Journal of Physical Chemistry C, 2010, 114, 19885– 19890.

[44] Dubin S, Gilje S, Wang K, et al. A one–step, solvothermal reduction method for producing reduced graphene oxide dispersions in organic solvents[J]. ACS nano, 2010, 4(7): 3845–3852.

[45] Park S, An J, Jung I, et al. Colloidal suspensions of highly reduced graphene oxide in a wide variety of organic solvents[J]. Nano letters, 2009, 9(4): 1593–1597.

[46] Liang Y, Wu D, Feng X, et al. Dispersion of graphene sheets in organic solvent supported by i-onic interactions[J]. Advanced materials, 2009, 21(17): 1679–1683.

[47] Zhang J, Yang H, Shen G, et al. Reduction of graphene oxide via L–ascorbic acid[J]. Chemical communications, 2010, 46(7): 1112–1114.

[48] Wang Y, Shi Z X, Yin J. Facile synthesis of soluble graphene via a green reduction of graphene oxide in tea solution and its biocomposites[J]. ACS applied materials & interfaces, 2011, 3 (4): 1127-1133.

[49] Zhang J, Yang H, Shen G, et al. Reduction of graphene oxide via L-ascorbic acid[J]. Chemical communications, 2010, 46(7): 1112-1114.

[50] Wang Y, Shi Z X, Yin J. Facile synthesis of soluble graphene via a green reduction of graphene oxide in tea solution and its biocomposites[J]. ACS applied materials & interfaces, 2011, 3 (4): 1127-1133.

[51] Chen W, Yan L, Bangal P R. Preparation of graphene by the rapid and mild thermal reduction of graphene oxide induced by microwaves[J]. Carbon, 2010, 48(4): 1146-1152.

[52] Bo Z, Shuai X, Mao S, et al. Green preparation of reduced graphene oxide for sensing and energy storage applications[J]. Scientific reports, 2014, 4(1): 1-8.

[53] Akhavan O, Ghaderi E. Photocatalytic reduction of graphene oxide nanosheets on TiO$_2$ thin film for photoinactivation of bacteria in solar light irradiation[J]. The Journal of Physical Chemistry C, 2009, 113(47): 20214-20220.

[54] Zhou M, Wang Y, Zhai Y, et al. Controlled synthesis of large-area and patterned electrochemically reduced graphene oxide films[J]. Chemistry - A European Journal, 2009, 15(25): 6116-6120.

[55] 孙艳秋, 龚焕焕, 赵梦鲤, 等. 水热反应时间对三维石墨烯血液相容性的影响[J]. 功能材料, 2019, 50(02): 2161-2166.

[56] Toh S Y, Loh K S, Kamarudin S K, et al. Graphene production via electrochemical reduction of graphene oxide: Synthesis and characterisation[J]. Chemical Engineering Journal, 2014, 251: 422-434.

[57] 尚玉, 张东, 刘艳云, 等. 电化学还原法制备石墨烯: 制备与表征[J]. 功能材料, 2015, 16(46): 2001-2007.

[58] 张华, 任鹏刚. 氧化石墨烯的化学还原研究进展[J]. 材料导报, 2012, 26(23): 72-75.

[59] An S J, Zhu Y, Lee S H, et al. Thin film fabrication and simultaneous anodic reduction of deposited graphene oxide platelets by electrophoretic deposition[J]. The Journal of Physical Chemistry Letters, 2010, 1(8): 1259-1263.

[60] Tong H, Zhu J, Chen J, et al. Electrochemical reduction of graphene oxide and its electrochemical capacitive performance[J]. Journal of Solid State Electrochemistry, 2013, 17: 2857-2863.

[61] Guo H L, Wang X F, Qian Q Y, et al. A green approach to the synthesis of graphene nanosheets[J]. ACS nano, 2009, 3(9): 2653-2659.

[62] Liu C, Wang K, Luo S, et al. Direct electrodeposition of graphene enabling the one-step synthesis of graphene-metal nanocomposite films[J]. small, 2011, 7(9): 1203-1206.

[63] Gao F, Qi X, Cai X, et al. Electrochemically reduced graphene modified carbon ionic liquid e-lectrode for the sensitive sensing of rutin[J]. Thin Solid Films, 2012, 520(15): 5064-5069.

[64] Hilder M, Winther-Jensen B, Li D, et al. Direct electro-deposition of graphene from aqueous suspensions[J]. Physical Chemistry Chemical Physics, 2011, 13(20): 9187-9193.

[65] Shao Y, Wang J, Engelhard M, et al. Facile and controllable electrochemical reduction of graphene oxide and its applications[J]. Journal of Materials Chemistry, 2010, 20(4): 743-748.

[66] Ping J, Wang Y, Fan K, et al. Direct electrochemical reduction of graphene oxide on ionic liquid doped screen-printed electrode and its electrochemical biosensing application[J]. Biosensors and Bioelectronics, 2011, 28(1): 204-209.

[67] Jiang Y, Lu Y, Li F, et al. Facile electrochemical codeposition of "clean" graphene-Pd nanocomposite as an anode catalyst for formic acid electrooxidation[J]. Electrochemistry Communications, 2012, 19: 21-24.

[68] Shao Y Y, Wang J, Wu H, et al. Graphene Based Electrochemical Sensors and Biosensors: A Review[J]. Electroanalysis, 2010, 22(10): 1027-1036.

[69] Liu S, Wang J, Zeng J, et al. "Green" electrochemical synthesis of Pt/graphene sheet nanocomposite film and its electrocatalytic property[J]. Journal of Power Sources, 2010, 195(15): 4628-4633.

[70] Raj M A, John S A. Fabrication of electrochemically reduced graphene oxide films on glassy carbon electrode by self-assembly method and their electrocatalytic application[J]. The Journal of Physical Chemistry C, 2013, 117(8): 4326-4335.

[71] Liu S, Ou J, Wang J, et al. A simple two-step electrochemical synthesis of graphene sheets film on the ITO electrode as supercapacitors[J]. Journal of Applied Electrochemistry, 2011, 41 (7): 881-884.

[72] Li W, Liu J, Yan C. Reduced graphene oxide with tunable C/O ratio and its activity towards vanadium redox pairs for an all vanadium redox flow battery[J]. Carbon, 2013(55): 313-320.

[73] Peng X Y, Liu X X, Diamond D, et al. Synthesis of electrochemically reduced graphene oxide film with controllable size and thickness and its use in supercapacitor[J]. Carbon, 2011, 49 (11)

[74] Yu W, Sisi L, Haiyan Y, et al. Progress in the functional modification of graphene/graphene oxide: A review[J]. RSC Advances, 2020, 10(26): 15328-15345.

[75] Si Y, Samulski E T. Synthesis of water soluble graphene[J]. Nano letters, 2008, 8(6): 1679-1682.

[76] Shen J, Hu Y, Li C, et al. Synthesis of amphiphilic graphene nanoplatelets[J]. small, 2009, 5(1): 82-85.

[77] Stankovich S, Piner R D, Chen X, et al. Stable aqueous dispersions of graphitic nanoplatelets via the reduction of exfoliated graphite oxide in the presence of poly (sodium 4-styrenesulfonate)

163

[J]. Journal of Materials Chemistry, 2006, 16(2): 155-158.

[78] Bonanni A, Chua C K, Pumera M. Rational design of carboxyl groups perpendicularly attached to a graphene sheet: a platform for enhanced biosensing applications[J]. Chemistry-A European Journal, 2014, 20(1): 217-222.

[79] Vallés C, Drummond C, Saadaoui H, et al. Solutions of negatively charged graphene sheets and ribbons[J]. Journal of the american chemical society, 2008, 130(47): 15802-15804.

[80] Farquhar A K, Dykstra H M, Waterland M R, et al. Spontaneous modification of free-floating few-layer graphene by aryldiazonium ions: electrochemistry, atomic force microscopy, and infrared spectroscopy from grafted films[J]. The Journal of Physical Chemistry C, 2016, 120 (14): 7543-7552.

[81] Xiong Y, Xie Y, Zhang F, et al. Reduced graphene oxide/hydroxylated styrene-butadiene-styrene tri-block copolymer electroconductive nanocomposites: Preparation and properties[J]. Materials Science and Engineering: B, 2012, 177(14): 1163-1169.

[82] Yang X, Ma L, Wang S, et al. "Clicking" graphite oxide sheets with well-defined polystyrenes: A new Strategy to control the layer thickness[J]. Polymer, 2011, 52(14): 3046-3052.

[83] Mohanty N, Berry V. Graphene – based single – bacterium resolution biodevice and DNA transistor: interfacing graphene derivatives with nanoscale and microscale biocomponents [J]. Nano letters, 2008, 8(12): 4469-4476.

[84] Song P, Xu Z, Wu Y, et al. Super-tough artificial nacre based on graphene oxide via synergistic interface interactions of $\pi-\pi$ stacking and hydrogen bonding[J]. Carbon, 2017, 111: 807-812.

[85] Lee D W, Kim T, Lee M. An amphiphilic pyrene sheet for selective functionalization of graphene[J]. Chemical Communications, 2011, 47(29): 8259-8261.

[86] He M, Zhang R, Zhang K, et al. Reduced graphene oxide aerogel membranes fabricated through hydrogen bond mediation for highly efficient oil/water separation[J]. Journal of Materials Chemistry A, 2019, 7(18): 11468-11477.

[87] Mayorov A S, Gorbachev R V, Morozov S V, et al. Micrometer-scale ballistic transport in encapsulated graphene at room temperature[J]. Nano letters, 2011, 11(6): 2396-2399.

[88] Choi E Y, Han T H, Hong J, et al. Noncovalent functionalization of graphene with end-functional polymers[J]. Journal of Materials Chemistry, 2010, 20(10): 1907-1912.

[89] Ge X, Li H, Wu L, et al. Improved mechanical and barrier properties of starch film with reduced graphene oxide modified by SDBS[J]. Journal of Applied Polymer Science, 2017, 134 (22).

[90] Li D, Müller M B, Gilje S, et al. Processable aqueous dispersions of graphene nanosheets [J]. Nature nanotechnology, 2008, 3(2): 101-105.

[91] Patil A J, Vickery J L, Scott T B, et al. Aqueous stabilization and self-assembly of graphene

sheets into layered bio-nanocomposites using DNA[J]. Advanced Materials, 2009, 21(31): 3159-3164.

[92] Stankovich S, Piner R D, Nguyen S B T, et al. Synthesis and exfoliation of isocyanate-treated graphene oxide nanoplatelets[J]. Carbon, 2006, 44(15): 3342-3347.

[93] Niyogi S, Bekyarova E, Itkis M E, et al. Solution properties of graphite and graphene [J]. Journal of the American Chemical Society, 2006, 128(24): 7720-7721.

[94] Duan X, Indrawirawan S, Sun H, et al. Effects of nitrogen-, boron-, and phosphorus-doping or codoping on metal-free graphene catalysis[J]. Catalysis Today, 2015, 249: 184-191.

[95] Wei D, Liu Y, Wang Y, et al. Synthesis of N-doped graphene by chemical vapor deposition and its electrical properties[J]. Nano letters, 2009, 9(5): 1752-1758.

[96] Moniruzzaman M, Winey K I. Polymer nanocomposites containing carbon nanotubes[J]. Macromolecules, 2006, 39(16): 5194-5205.

[97] 臧文婷, 张东. 石墨烯复合材料研究进展[J]. 化学工程师, 2015, 29(01): 34-38+46.

[98] Lomeda J R, Doyle C D, Kosynkin D V, et al. Diazonium functionalization of surfactant-wrapped chemically converted graphene sheets[J]. Journal of the American Chemical Society, 2008, 130(48): 16201-16206.

[99] 尚玉, 张东. 石墨烯基界面导热材料的研究现状[J]. 功能材料, 2013, 22(44): 3219-3225.

[100] Sun Z, Kohama S, Zhang Z, et al. Soluble graphene through edge-selective functionalization [J]. Nano Research, 2010, 3(2): 117-125.

[101] Ansari S, Kelarakis A, Estevez L, et al. Oriented arrays of graphene in a polymer matrix by in situ reduction of graphite oxide nanosheets[J]. Small, 2010, 6(2): 205-209.

[102] Fang M, Wang K, Lu H, et al. Covalent polymer functionalization of graphene nanosheets and mechanical properties of composites [J]. Journal of Materials Chemistry, 2009, 19(38): 7098-7105.

[103] Khan U, May P, O'Neill A, et al. Development of stiff, strong, yet tough composites by the addition of solvent exfoliated graphene to polyurethane [J]. Carbon, 2010, 48(14): 4035-4041.

[104] Ramanathan T, Abdala A A, Stankovich S, et al. Functionalized graphene sheets for polymer nanocomposites[J]. Nature nanotechnology, 2008, 3(6): 327-331.

[105] Ramanathan T, Stankovich S, Dikin D A, et al. Graphitic nanofillers in PMMA nanocomposites—an investigation of particle size and dispersion and their influence on nanocomposite properties[J]. Journal of Polymer Science Part B: Polymer Physics, 2007, 45(15): 2097-2112.

[106] Kim H, Miura Y, Macosko C W. Graphene/polyurethane nanocomposites for improved gas barrier and electrical conductivity[J]. Chemistry of materials, 2010, 22(11): 3441-3450.

[107] Pinto AM, Cabral J, Tanaka DAP, et al. Effect of incorporation of graphene oxide and gra-

phene nanoplatelets on mechanical and gas permeability properties of poly(lactic acid) films [J]. Polymer International, 2013, 62 (1): 33-40.

[108] Liang J J, Huang Y, Zhang L, et al. Molecular-level dispersion of graphene into poly(vinyl alcohol) and effective reinforcement of their nanocomposites [J]. Advanced Functional Materials, 2009, 19 (14): 2297-2302.

[109] Shahil K M F, Balandin A A. Thermal properties of graphene and multilayer graphene: applications in thermal interface materials [J]. Solid State Communications, 2012, 152 (15): 1331-1340.

[110] Ganguli S, Roy A K, Anderson D P. Improved thermal conductivity for chemically functionalized exfoliated graphite/epoxy composites [J]. Carbon, 2008, 46: 806-817.

[111] Hu Y, Shen J, Li N, et al. Comparison of the thermal properties between composites reinforced by raw and amino-functionalized carbon materials [J]. Composites Science Technology, 2010, 70: 2176-2182.

[112] Hu H, Wang X, Wang J, et al. Preparation and properties of graphene nanosheets-polystyrene nanocomposites via in situ emulsion polymerization[J]. Chemical Physics Letters, 2010, 484 (4-6): 247-253.

[113] Li M, Gao C, Hu H, et al. Electrical conductivity of thermally reduced graphene oxide/polymer composites with a segregated structure[J]. Carbon, 2013, 65: 371-373.

[114] Mohamed S A, Al-Sulaiman F A, Ibrahim N I, et al. A review on current status and challenges of inorganic phase change materials for thermal energy storage systems [J]. Renewable and Sustainable Energy Reviews, 2017, 70: 1072-1089.

[115] Pandey A K, Hossain M S, Tyagi V V, et al. Novel approaches and recent developments on potential applications of phase change materials in solar energy[J]. Renewable & Sustainable Energy Reviews, 2018, 82: 281-323.

[116] Hyun D C, Levinson N S, Jeong U, et al. Emerging applications of phase-change materials (PCMs): teaching an old dog new tricks[J]. Angewandte Chemie International Edition, 2014, 53 (15): 3780-3795.

[117] Lin Y, Jia Y, Alva G, et al. Review on thermal conductivity enhancement, thermal properties and applications of phase change materials in thermal energy storage[J]. Renewable and sustainable energy reviews, 2018, 82: 2730-2742.

[118] Fan L, Khodadadi J M, Thermal conductivity enhancement of phase change materials for thermal energy storage: a review[J]. Renewable and Sustainable Energy Reviews, 2011, 15(1): 24-46.

[119] Pan L, Tao Q, Zhang S, et al., Preparation, characterization and thermal properties of micro-encapsulated phase change materials[J]. Solar Energy Materials and Solar Cells, 2012, 98: 66-70.

［120］Wang J, Xie H, Xin Z. Investigation on microstructure and thermal properties of graphene-nanoplatelet/palmitic acid composites［J］. Journal of Nanoparticle Research, 2012, 14 (7): 952.

［121］胡娃萍. 高传热性有机相变材料的制备与性能研究［D］. 武汉: 武汉理工大学, 2012.

［122］Fang X, Fan L W, Ding Q, et al. Increased thermal conductivity of eicosane-based composite phase change materials in the presence of graphene nanoplatelets［J］. Energy & Fuels, 2013, 27(7): 4041-4047.

［123］Yavari F, Fard H R, Pashayi K, et al. Enhanced thermal conductivity in a nanostructured phase change composite due to low concentration graphene additives［J］. The Journal of Physical Chemistry C, 2011, 115(17): 8753-8758.

［124］Mehrali M, Latibari S T, Mehrali M, et al., Preparation of nitrogen-doped graphene/palmitic acid shape stabilized composite phase change material with remarkable thermal properties for thermal energy storage［J］. Applied Energy, 2014, 135: 339-349.

［125］Li B, Liu T, Hu L, et al. Facile preparation and adjustable thermal property of stearic acid-graphene oxide composite as shape-stabilized phase change material［J］. Chemical engineering journal, 2013, 215: 819-826.

［126］Mehrali M, Latibari S T, Mehrali M, et al. Preparation and characterization of palmitic acid/graphene nanoplatelets composite with remarkable thermal conductivity as a novel shape-stabilized phase change material［J］. Applied Thermal Engineering, 2013, 61(2): 633-640.

［127］Zhong Y, Zhou M, Huang F, et al., Effect of graphene aerogel on thermal behavior of phase change materials for thermal management［J］. Solar Energy Materials and Solar Cells, 2013, 113: 195-200.

［128］Yang J, Li X, Han S, et al. High-quality graphene aerogels for thermally conductive phase change composites with excellent shape stability［J］. Journal of Materials Chemistry A, 2018, 6(14): 5880-5886.

［129］Goli P, Legedza S, Dhar A, et al. Graphene-enhanced hybrid phase change materials for thermal management of Li-ion batteries［J］. Journal of Power Sources, 2014, 248: 37-43.

［130］Warzoha R J, Fleischer A S. Improved heat recovery from paraffin-based phase change materials due to the presence of percolating graphene networks［J］. International Journal of Heat and Mass Transfer, 2014, 79: 314-323.

［131］Li T X, Lee J H, Wang R Z, et al. Heat transfer characteristics of phase change nanocomposite materials for thermal energy storage application［J］. International Journal of Heat and Mass Transfer, 2014, 75: 1-11.

［132］Mehrali M, Latibari S T, Mehrali M, et al. Preparation and properties of highly conductive palmitic acid/graphene oxide composites as thermal energy storage materials［J］. Energy, 2013, 58: 628-63.

[133] Yang J, Qi G Q, Liu Y, et al. Hybrid graphene aerogels/phase change material composites: thermal conductivity, shape-stabilization and light-to-thermal energy storage[J]. Carbon, 2016, 100: 693-702.

[134] 孙凯新, 尚玉, 王欣悦, 等. 石墨烯定型相变复合材料的研究进展[J]. 冶金管理, 2020.

[135] Shi J N, Ger M D, Liu Y M, et al. Improving the thermal conductivity and shape-stabilization of phase change materials using nanographite additives[J]. Carbon, 2013, 51: 365-372.

[136] Yuan Y P, Zhang N, Li T Y, et al. Thermal performance enhancement of palmitic-stearic acid by adding graphene nanoplatelets and expanded graphite for thermal energy storage: a comparative study[J]. Energy, 2016, 97: 488-497.

[137] Mehrali M, Latibari S T, Mehrali M, et al. Preparation and characterization of palmitic acid/graphene nanoplatelets composite with remarkable thermal conductivity as a novel shape-stabilized phase change material[J]. Applied Thermal Engineering, 2013, 61(2): 633-640.

[138] Li H, Jiang M, Li Q, et al. Aqueous preparation of polyethylene glycol/sulfonated graphene phase change composite with enhanced thermal performance[J]. Energy conversion and management, 2013, 75: 482-487.

[139] Li J F, Lu W, Zeng Y B, et al. Simultaneous enhancement of latent heat and thermal conductivity of docosane-based phase change material in the presence of spongy graphene[J]. Solar energy materials and solar cells, 2014, 128: 48-51.

[140] Ye S, Zhang Q, Hu D, et al. Core-shell-like structured graphene aerogel encapsulating paraffin: shape-stable phase change material for thermal energy storage[J]. Journal of Materials Chemistry A, 2015, 3(7): 4018-4025.

[141] Li B, Liu T, Hu L, et al. Facile preparation and adjustable thermal property of stearic acid-graphene oxide composite as shape-stabilized phase change material[J]. Chemical engineering journal, 2013, 215: 819-826.

[142] Feng N Q, Shi Y X, Hao T Y. Influence of ultrafine powder on the fluidity and strength of cement paste[J]. Advances in Cement Research, 2000, 12(3): 89-95.

[143] Kim J H, Beacraft M, Shah S P. Effect of mineral admixtures on formwork pressure of self-consolidating concrete[J]. Cement and Concrete Composites, 2010, 32(9): 665-671.

[144] Siddique R, Mehta A. Effect of carbon nanotubes on properties of cement mortars[J]. Construction and Building Materials, 2014, 50: 116-129.

[145] Sobolkina A, Mechtcherine V, Khavrus V, et al. Dispersion of carbon nanotubes and its influence on the mechanical properties of the cement matrix[J]. Cement and Concrete Composites, 2012, 34(10): 1104-1113.

[146] Chuah S, Pan Z, Sanjayan J G, et al. Nano reinforced cement and concrete composites and new perspective from graphene oxide[J]. Construction and Building Materials, 2014, 73:

113-124.

[147] Pan Z, Wenhui D, Li D, et al. Graphene oxide reinforced cement and concrete[P]. 2013-7-4.

[148] Gong K, Pan Z, Korayem A H, et al. Reinforcing effects of graphene oxide on portland cement paste[J]. Journal of Materials in Civil Engineering, 2015, 27(2): A4014010.

[149] Gong K, Tan T, Dowman M, et al. Rheological behaviours of graphene oxide reinforced cement composite[C]. International Composites Conference. Monash University Publishing, 2012: 95-99.

[150] Lv S, Ma Y, Qiu C, et al., Regulation of GO on cement hydration crystals and its toughening effect[J]. Magazine of Concrete Research, 2013, 65 (20): 1246-1254.

[151] Lv S, Ma Y, Qiu C, et al. Effect of graphene oxide nanosheets of microstructure and mechanical properties of cement composites[J]. Construction and Building Materials, 2013, 49: 121-127.

[152] Lv S, Liu J, Sun T, et al. Effect of GO nanosheets on shapes of cement hydration crystals and their formation process[J]. Construction and Building Materials, 2014, 64: 231-239.

[153] 吕生华, 张佳, 殷海荣, 等. 氧化石墨烯调控水化产物增强增韧水泥基复合材料的研究进展[J]. 陕西科技大学学报, 2019, 37(3): 136-145.

[154] 多亚茹, 孙桂山, 陈志健, 等. 石墨烯/水泥基复合材料的性能研究进展[J]. 粉煤灰综合利用, 2017(2): 67-72.

[155] Alkhateb H, Al-Ostaz A, Cheng A H D, et al. Materials genome for graphene-cement nanocomposites[J]. Journal of Nanomechanics and Micromechanics, 2013, 3(3): 67-77.

[156] 王琴, 王健, 吕春祥, 等. 氧化石墨烯对水泥基复合材料微观结构和力学性能的影响[J]. 新型炭材料, 2015, 30(4): 349-356.

[157] Shang Y, Zhang D, Yang C, et al. Effect of graphene oxide on the rheological properties of cement pastes[J]. Construction and Building Materials, 2015, 96: 20-28.

[158] 刘衡, 孙明清, 李俊, 等. 掺纳米石墨烯片的水泥基复合材料的压敏性[J]. 功能材料, 2015, 46(16): 16064-16068.

[159] Sedaghat A, Ram M K, Zayed A, et al. Investigation of Physical Properties of Graphene-Cement Composite for Structural Applications[J]. Open Journal of Composite Materials, 2014, 04 (01): 12-21.

[160] Pang S D, Gao H J, Xu C, et al. Strain and damage self-sensing cement composites with conductive graphene nanoplatelet[C]. Society of Photo-Optical Instrumentation Engineers(SPIE) Conference Series, 2014, 9061: 26.

[161] Du H, Pang S D. Enhancement of barrier properties of cement mortar with graphene nanoplatelet[J]. Cement and Concrete Research, 2015, 76: 10-19.

[162] Fan Z. Investigation on properties of cementitious materials Reinforced by Graphene[D]. Uni-

versity of Pittsburgh, 2014.

[163] 杜涛, 氧化石墨烯水泥基复合材料性能研究[D], 哈尔滨工业大学, 2014.

[164] 陈程, 云闯, 杨建, 等. 石墨烯/陶瓷基复合材料研究进展[J]. 现代技术陶瓷, 2017, 38(3): 176-188.

[165] 匡达, 胡文彬. 石墨烯复合材料的研究进展[J]. 无机材料学报, 2013, 28(3): 235-246.

[166] Chen Y L, Hu Z A, Chang Y Q, et al. Zinc oxide/reduced graphene oxide composites and electrochemical capacitance enhanced by homogeneous incorporation of reduced graphene oxide sheets in zinc oxide matrix [J]. The Journal of Physical Chemistry C, 2011, 115 (5): 2563-2571.

[167] Shao J J, Lv W, Yang Q H. Self-Assembly of Graphene Oxide at Interfaces [J]. Advanced Materials, 2014, 26 (32): 5586-5612.

[168] Cote L J, Kim J, Tung V C, et al., Graphene oxide as surfactant sheets [J]. Pure and Applied Chemistry, 2010, 83 (1): 95-110.

[169] Li X L. Chemically derived ultrasmooth graphene nanoribbon semiconductors [J]. Science, 2008, 319 (5867): 1229-1231.

[170] Park S H, Bak S M, Kim K H, et al. Solid-state microwave irradiation synthesis of high quality graphene nanosheets under hydrogen containing atmosphere [J]. Journal of Materials Chemistry, 2011, 21 (3): 680-686.

[171] Liu Y, Zhang D, Shang Y, et al. Exfoliation of graphite oxide in electric field [J]. Journal of Nanoscience and Nanotechnology, 2016, 16 (9): 9870-9873.

[172] Hofmann U, Holst R. Über die Säurenatur und die Methylierung von Graphitoxyd [J]. Berichte Der Deutschen Chemischen Gesellschaft (A and B Series), 1939, 72 (4): 754-771.

[173] Nakajima T, Matsuo Y. Formation process and structure of graphite oxide [J]. Carbon, 1994, 32(3): 469-475.

[174] Lerf A, He H Y, Forster M, et al. Structure of graphite oxide revisited [J]. Journal of Physical Chemistry B, 1998, 102 (23): 4477-4482.

[175] Nakajima T, Matsuo Y. Formation process and structure of graphite oxide [J]. Carbon, 1994, 32(3): 469-475.

[176] Wilson N R, Pandey P A, Beanland R, et al. Graphene oxide: structural analysis and application as a highly transparent support for electron microscopy [J]. ACS nano, 2009, 3(9): 2547-2556.

[177] Tung V C, Kim J, Cote L J, et al. Sticky interconnect for solution-processed tandem solar cells [J]. Journal of the American Chemical Society, 2011, 133(24): 9262-9265.

[178] Tang X Z, Li W, Yu Z Z, et al. Enhanced thermal stability in graphene oxide covalently functionalized with 2-amino-4, 6-didodecylamino-1, 3, 5-triazine [J]. Carbon, 2011, 49

(4): 1258−1265.

[179] Luo J, Zhao X, Wu J, et al. Crumpled graphene−encapsulated Si nanoparticles for lithium ion battery anodes[J]. The journal of physical chemistry letters, 2012, 3(13): 1824−1829.

[180] Qin Y, Peng Q, Ding Y, et al. Lightweight, superelastic, and mechanically flexible graphene/polyimide nanocomposite foam for strain sensor application[J]. ACS nano, 2015, 9 (9): 8933−8941.

[181] Chen X, Wu G, Chen J, et al. Synthesis of "clean" and well−dispersive Pd nanoparticles with excellent electrocatalytic property on graphene oxide[J]. Journal of the American Chemical Society, 2011, 133(11): 3693−3695.

[182] Lee J M, Kim I Y, Han S Y, et al. Graphene nanosheets as a platform for the 2D ordering of metal oxide nanoparticles: mesoporous 2D aggregate of anatase TiO_2 nanoparticles with improved electrode performance[J]. Chemistry−A European Journal, 2012, 18(43): 13800−13809.

[183] Kim J, Cote L J, Huang J. Two dimensional soft material: new faces of graphene oxide [J]. Accounts of chemical research, 2012, 45(8): 1356−1364.

[184] Kovtyukhova N I, Ollivier P J, Martin B R, et al. Layer−by−layer assembly of ultrathin composite films from micron−sized graphite oxide sheets and polycations [J]. Chemistry of materials, 1999, 11: 771.

[185] Marcano D C, Kosynkin D V, Berlin J M, et al. Improved synthesis of graphene oxide [J]. ACS nano, 2010, 4(8): 4806−4814.

[186] Su C Y, Lu A Y, Xu Y, et al. High−quality thin graphene films from fast electrochemical exfoliation[J]. ACS nano, 2011, 5(3): 2332−2339.

[187] Tang Y B, Lee C S, Chen Z H, et al. High−quality graphenes via a facile quenching method for field−effect transistors[J]. Nano letters, 2009, 9(4): 1374−1377.

[188] Rangappa D, Sone K, Wang M, et al. Rapid and direct conversion of graphite crystals into high−yielding, good−quality graphene by supercritical fluid exfoliation[J]. Chemistry−A European Journal, 2010, 16(22): 6488−6494.

[189] 彭黎琼, 谢金花, 郭超, 等. 石墨烯的表征方法[J]. 功能材料, 2013, 44(21): 3055−3059.

[190] Li X, Zhang G, Bai X, et al. Highly conducting graphene sheets and Langmuir−Blodgett films [J]. Nature nanotechnology, 2008, 3(9): 538−542.

[191] Peng L, Feng Y, Lv P, et al. Transparent, conductive and flexible multiwalled carbon nanotube/graphene hybrid electrodes with two three−dimensional microstructures[J]. Journal of Physical Chemistry C, 2012, 116(8): 4970−4978.

[192] Cote L J, Kim F, Huang J. Langmuir−Blodgett assembly of graphite oxide single layers [J]. Journal of the American Chemical Society, 2008, 131(3): 1043−1049.

[193] Kim F, Cote L J, Huang J. Graphene oxide: surface activity and two−dimensional assembly

[J]. Advanced Materials, 2010, 22 (17): 1954-1958.

[194] Zheng Q, Zhang B, Lin X, et al. Highly transparent and conducting ultralarge graphene oxide/single-walled carbon nanotube hybrid films produced by Langmuir-Blodgett assembly [J]. Journal of Materials Chemistry, 2012, 22 (48): 25072-25082.

[195] Cote L J, Kim J, Zhang Z, et al. Tunable assembly of graphene oxide surfactant sheets: wrinkles, overlaps and impacts on thin film properties [J]. Soft Matterials, 2010, 6 (24): 6096-6101.

[196] Shih C J, Lin S, Sharma R, et al. Understanding the pH-dependent behavior of graphene oxide aqueous solutions: a comparative experimental and molecular dynamics simulation study [J]. Langmuir, 2011, 28 (1): 235-241.

[197] Zheng Q, Ip W H, Lin X, et al. Transparent conductive films consisting of ultralarge graphene sheets produced by Langmuir-Blodgett assembly[J]. ACS Nano, 2011, 5 (7): 6039-6051.

[198] Chen C, Yang Q H, Yang Y, et al. Self-assembled free-standing graphite oxide membrane [J]. Advanced Materials, 2009, 21 (29): 3007-3011.

[199] Zhu Y, Cai W, Piner R D, et al. Transparent self-assembled films of reduced graphene oxide platelets[J]. Applied Physics Letters, 2009, 95 (10): 103104.

[200] Lv W, Xia Z, Wu S, et al. Conductive graphene-based macroscopic membrane self-assembled at a liquid-air interface [J]. Journal of Materials Chemistry, 2011, 21 (10): 3359-3364.

[201] Shin H J, Kim K K, Benayad A, et al. Efficient reduction of graphite oxide by sodium borohydride and its effect on electrical conductance[J]. Advanced Functional Materials, 2009, 19 (12): 1987-1992.

[202] Luo J, Cote L J, Tung V C, et al. Graphene oxide nanocolloids[J]. Journal of the American Chemical Society, 2010, 132(50): 17667-17669.

[203] Yin S, Zhang Y, Kong J, et al. Assembly of graphene sheets into hierarchical structures for high-performance energy storage[J]. Acs Nano, 2011, 5(5): 3831-3838.

[204] Jang H D, Kim S K, Chang H, et al. One-step synthesis of Pt-nanoparticles-laden graphene crumples by aerosol spray pyrolysis and evaluation of their electrocatalytic activity[J]. Aerosol Science and Technology, 2013, 47(1): 93-98.

[205] Sohn K, Na Y J, Chang H, et al. Oil absorbing graphene capsules by capillary molding[J]. Chemical communications, 2012, 48(48): 5968-5970.

[206] Lee S H, Kim H W, Hwang J O, et al. Three-dimensional self-assembly of graphene oxide platelets into mechanically flexible macroporous carbon films[J]. Angewandte Chemie, 2010, 122(52): 10282-10286.

[207] Kim J, Cote L J, Kim F, et al. Graphene oxide sheets at interfaces[J]. Journal of the American Chemical Society, 2010, 132(23): 8180-8186.

172

[208] Jang J, Ha H. Fabrication of hollow polystyrene nanospheres in microemulsion polymerization using triblock copolymers[J]. Langmuir, 2002, 18(14): 5613-5618.

[209] Wu M, Wang G, Xu H, et al. Hollow spheres based on mesostructured lead titanate with amorphous framework[J]. Langmuir, 2003, 19(4): 1362-1367.

[210] Guo P, Song H, Chen X. Hollow graphene oxide spheres self-assembled by W/O emulsion [J]. Journal of Materials Chemistry, 2010, 20 (23): 4867-4874.

[211] Song X, Yang Y, Liu J, et al. PS colloidal particles stabilized by graphene oxide[J]. Langmuir, 2010, 27 (3): 1186-1191.

[212] Tung V C, Huang J H, Tevis I, et al. Surfactant-free water-processable photoconductive all-carbon composite [J]. Journal of the American Chemical Society, 2011, 133 (13): 4940-4947.

[213] Pham V H, Dang T T, Hur S H, et al. Highly conductive poly (methyl methacrylate) (PMMA)-reduced graphene oxide composite prepared by self-assembly of PMMA latex and graphene oxide through electrostatic interaction[J]. ACS Applied Materials &Interfaces, 2012, 4 (5): 2630-2636.

[214] Zou J, Kim F. Self-assembly of two-dimensional nanosheets induced by interfacial polyionic complexation[J]. ACS Nano, 2012, 6 (12): 10606-10613.

[215] Qiu L, Liu J Z, Chang S L Y, et al. Biomimetic superelastic graphene-based cellular monoliths[J]. Nature communications, 2012, 3: 1241.

[216] Zhang X, Sui Z, Xu B, et al. Mechanically strong and highly conductive graphene aerogel and its use as electrodes for electrochemical power sources[J]. Journal of Materials Chemistry, 2011, 21 (18): 6494-6497.

[217] Bai H, Li C, Wang X, et al. On the gelation of graphene oxide[J]. Journal of Physical Chemistry C, 2011, 115 (13): 5545-5551.

[218] Bai H, Sheng K, Zhang P, et al. Graphene oxide/conducting polymer composite hydrogels [J]. Journal of Materials Chemistry, 2011, 21 (46): 18653-18658.

[219] Xu Y., Sheng K., Li C., et al. Self-assembled graphene hydrogel via a one-step hydrothermal process. ACS Nano, 2010, 4 (7): 4324-4330.

[220] 王刚, 贾丽涛, 侯博, 等. 原位自组装石墨烯块体材料: 性质, 结构及 pH 依赖自组装行为. 新型碳材料, 2015, 30 (1): 30-40.

[221] Tao Y, Kong D, Zhang C, et al. Monolithic carbons with spheroidal and hierarchical pores produced by the linkage of functionalized graphene sheets[J]. Carbon, 2014, 69: 169-177.

[222] Xu Y, Sheng K, Li C, et al. Self-assembled graphene hydrogel via a one-step hydrothermal process[J]. ACS Nano, 2010, 4 (7): 4324-4330.

[223] Cong H P, Ren X C, Wang P, et al. Macroscopic multifunctional graphene-based hydrogels and aerogels by a metal ion induced self-assembly process[J]. ACS nano, 2012, 6(3):

2693-2703.

[224] Lv W, Tao Y, Ni W, et al. One-pot self-assembly of three-dimensional graphene macroassemblies with porous core and layered shell[J]. Journal of Materials Chemistry, 2011, 21 (33): 12352-12357.

[225] Shang Y, Zhang D, Liu Y, et al. Simultaneous synthesis of diverse graphene via electrochemical reduction of graphene oxide[J]. Journal of Applied Electrochemistry, 2015, 45(5): 453-462.

[226] Hawlader M N A, Uddin M S, Khin M M. Microencapsulated PCM thermal-energy storage system[J]. Applied Energy, 2003, 74: 195-202.

[227] 尚红波, 徐玲玲, 沈艳华. 微胶囊相变材料在建筑节能领域的研究与应用[J]. 材料导报, 2005, 12(19): 42-45.

[228] Tang F, Liu L, Alva G, et al. Synthesis and properties of microencapsulated octadencane with silica shell as shape-stabilized thermal energy storage materials[J]. Solar Energy Materials & Cells, 2017, 160: 1-6.

[229] Huang ZH, Yu X, LiW. Preparation of urea-formaldehyde paraffin microcapsules modified by carboxymethyl cellulose as a potential phase change material[J]. Journal of Forestry Research, 2015, 26: 253-260.

[230] Ma S, Song G, Li W, et al. UV irradiation-initiated MMA polymerization to prepare microcapsules containing phase change paraffin[J]. Solar Energy Materials & Solar Cells, 2010, 94: 1643-1647.

[231] Jiang F, Wang X, Wu D. Design and synthesis of magnetic microcapsules based on n-eicosane core and Fe_3O_4/SiO_2 hybrid shell for dual-functional phase change materials[J]. Applied Energy, 2014, 134: 456-468.

[232] 吴炳洋, 郑帼, 孙玉. 石墨烯/正十八烷微胶囊的制备与及其热性能研究[J]. 高分子学报, 2016(2): 242-249.

[233] 童晓梅, 郝芹芹, 刘智伟, 等. 氧化石墨烯改性石蜡相变微胶囊的制备及性能研究[J]. 化工新型材料, 2018, 46(5): 107-108.

[234] 张丽. 氧化石墨烯改性石蜡相变微胶囊的制备与性能研究[D]. 四川: 西南科技大学, 2017.

[235] Zhang L, Yang W, Jiang Z et al. Graphene oxidemodified microencapsulated phase change materials with high encapsulation capacity and enhanced leakage-prevention performance[J]. Appl Energy, 197: 354-363.

[236] Dao T D, Han M J. Novel stearic acid/graphene core-shell composite microcapsule as aphase change material exhibiting high shape stability and performance[J]. Solar Energy Materials & Solar Cells, 2015, 137: 227-234.

[237] Shang Y, Zhang D. Preparation and thermal properties of graphene oxide-microencapsulated

phase change materials[J]. Nanoscale and Microscale Thermophysical Engineering, 2016, 20 (3-4): 147-157.

[238] Xu Y, Sheng K, Li C, et al. Self-assembled graphene hydrogel via a one-step hydrothermal process[J]. ACS Nano, 2010, 4 (7): 4324-4330.

[239] Zhang J H, Dong PP, GaoY N, et al. Performance enhancement of ZITO thin-film transistors via graphene bridge layer by sol-gel combustion process [J]. Appl Mater Interfaces, 2015, 7: 24103-24109.

[240] Ke Q, Wang J. Graphene-based materials for super capacitor electrodes: A review [J]. J Materiomics, 2016, 2(1): 37-54.

[241] Chen J, Sheng K, Luo P, et al. Graphene hydrogels deposited in nickel foams for high-rate electrochemical capacitors [J]. Adv Mater, 2012, 24(33): 4569-4577.

[242] 孔丽. 石墨烯基相变储能复合材料的制备及导热机理分析的研究[D]. 哈尔滨工程大学, 2018.

[243] 罗李娟. 石墨烯气凝胶导热定形相变材料的制备及性能研究[D]. 西南科技大学, 2017.

[244] Shang Y, Zhang D. Preparation and thermal properties of graphene oxide-microencapsulated phase change materials[J]. Nanoscale and Microscale Thermophysical Engineering, 2016, 20 (3-4): 147-157.

[245] 张礼强, 丁清然, 郝宝一, 等. 三维石墨烯-聚合物复合材料制备方法研究进展[J]. 高分子通报, 2018(08): 75-80.

[246] Wan W B, Li L L, Zhao Z B, et al. Ultrafast fabrication of covalently cross-linked multifunctional graphene oxide monoliths[J]. Adv Funct Mater, 2014, 24 (31): 4915.

[247] Wang Z, Shen X, Han N M, et al. Ultralow electrical percolation in graphene aerogel/epoxy composites[J]. Chemistry of Materials, 2016, 28(18): 6731-6741.

[248] Qiu Y, Liu J, Lu Y, et al. Hierarchical assembly of tungsten spheres and epoxy composites in three-dimensional graphene foam and its enhanced acoustic performance as a backing material [J]. ACS applied materials & interfaces, 2016, 8(28): 18496-18504.

[249] Yan D X, Pang H, Li B, et al. Structured reduced graphene oxide/polymer composites for ultra-efficient electromagnetic interference shielding[J]. Advanced Functional Materials, 2015, 25(4): 559-566.

[250] 侯朝霞, 薄大明, 李伟, 等. 模板法制备三维多孔石墨烯及其复合材料研究进展[J]. 人工晶体学报, 2019, 48(04): 652-659.

[251] 孙颖颖, 陈林, 杜小泽, 等. 三维石墨烯/环氧树脂复合材料导热特性研究[J]. 化工新型材料, 2018, 46(02): 83-86.

[252] 郑辰飞, 徐荣青, 谌静, 等. 应力对三维石墨烯复合材料导电性能的影响[J]. 应用科学学报, 2015, 33(05): 568-574.

[253] 白苗苗, 阮萱颖, 王宇慧, 等. 三维网络结构石墨烯/氮化碳气凝胶的制备及其光催化

性能[J]. 化工科技，2020，28(01)：21-26.

[254] Xi F，Zhao D，Wang X，et al. Non-enzymatic detection of hydrogen peroxide using a functionalized three-dimensional graphene electrode[J]. Electrochemistry communications，2013，26：81-84.

[255] 钱春园，张婷，董玲玉. 石墨烯三维宏观体的构筑及石墨烯基复合材料对水体中常见污染物的去除研究进展[J]. 化工新型材料，2019，47(10)：51-55.

[256] Wei G，Miao Y，Zhang C，et al. Ni-doped graphene carbon cryogels and their applications as versa-tile sorbents for water purification[J]. ACS Appl Mater Interfaces，2013，5：7584-7591.

[257] 赵文誉，王振祥，郑玉婴，等. NiS_2/三维多孔石墨烯复合材料作为超级电容器电极材料的电化学性能[J]. 复合材料学报，2020，37(02)：422-431.